从新手到高手

Access

数据库创建、使用与管理
从新手到高手

宋翔◎编著

U0224141

清华大学出版社
北京

<h1 style="text-align:center">内容简介</h1>

本书详细介绍了使用Access创建和设计数据库的方法和技巧，以及Access数据库在实际中的应用。本书各章的先后顺序以数据库系统的创建和设计流程进行组织，有助于读者梳理Access知识体系，便于读者学习和理解。本书包含大量示例，示例文件包括操作前的原始文件和操作后的结果文件，既便于读者上机练习，又方便读者在练习后进行效果对比，从而快速掌握Access的操作方法和技巧。

本书共15章，内容主要包括Access数据库的基本概念、数据库的基本设计流程、Access的界面结构和常用设置、创建与管理数据库和表、在表中添加和编辑字段、设置字段的数据类型和属性、设置数据的显示方式、设置数据的验证规则和输入掩码、创建主键和索引、表关系的基本概念、创建和编辑表关系、数据表视图的基本操作、在表中添加和编辑数据、设置表的外观和布局格式、排序和筛选数据、打印数据、创建不同类型的查询、在查询设计器中设计查询、使用表达式设置查询条件、编写SQL语句创建查询、窗体和控件的基本概念、创建不同类型的窗体、设置窗体的外观和行为、在窗体中查看和编辑数据、在窗体中添加和使用控件、创建计算控件、创建和设计报表、创建和使用宏自动完成任务、优化数据库性能、压缩和修复数据库、加密和解密数据库、备份和恢复数据库、创建一个订单管理系统等。另外，本书附赠示例的原始文件和结果文件、重点内容的多媒体视频教程、本书内容的教学PPT、Windows 10多媒体视频教程。

本书适合所有想要学习在Access中创建、设计、使用和管理数据库，以及从事数据管理和信息系统管理工作的用户阅读，也可作为各类院校和培训班的Access数据库教材。

图书在版编目（CIP）数据

Access 数据库创建、使用与管理从新手到高手 / 宋翔编著 . — 北京：清华大学出版社，2021.10（2022.11）

（从新手到高手）

ISBN 978-7-302-58595-4

Ⅰ.① A… Ⅱ.①宋… Ⅲ.①关系数据库系统 Ⅳ.① TP311.138

中国版本图书馆 CIP 数据核字（2021）第 131534 号

责任编辑：张　敏
封面设计：杨玉兰
责任校对：徐俊伟
责任印制：刘海龙

出版发行：清华大学出版社
　　　　　网　　址：http://www.tup.com.cn，http://www.wqbook.com
　　　　　地　　址：北京清华大学学研大厦A座　　　　邮　　编：100084
　　　　　社 总 机：010–83470000　　　　　　　　　　邮　　购：010–62786544
　　　　　投稿与读者服务：010-62776969, c-service@tup.tsinghua.edu.cn
　　　　　质量反馈：010-62772015, zhiliang@tup.tsinghua.edu.cn
印 装 者：三河市天利华印刷装订有限公司
经　　销：全国新华书店
开　　本：185mm×260mm　　　　印　　张：13　　　　字　　数：360千字
版　　次：2021年11月第1版　　　　印　　次：2022年11月第2次印刷
定　　价：59.80元

产品编号：089966-01

前 言

　　编写本书的目的是为了帮助读者快速掌握在 Access 中创建、设计、使用与管理数据库的方法和技巧，顺利完成实际工作中的任务，解决实际应用中的问题。本书主要有以下几个特点：

　　（1）本书各章的先后顺序以数据库系统的创建和设计流程进行组织，有助于读者梳理 Access 知识体系，便于读者学习和理解。读者可以根据自己的喜好选择想要阅读的章节，但是按照各章的顺序进行学习将会更容易掌握本书中的内容。

　　（2）本书包含大量示例，读者可以边学边练，快速掌握数据库的操作方法。示例文件包括操作前的原始文件和操作后的结果文件，既便于读者上机练习，又方便读者在练习后进行效果对比。

　　（3）本书的第 15 章介绍创建一个订单管理系统的完整流程，将所学的理论知识与实践相结合，快速提升实战水平。

　　（4）在每个操作的关键点上使用框线进行醒目标注，读者可以快速找到操作的关键点，从而节省读图时间。

　　本书内容以 Access 2019 为主要操作环境，但是内容本身同样适用于 Access 2019 之前的 Access 版本，如果读者正在使用 Access 2007/2010/2013/2016 中的任意一个版本，那么界面环境与 Access 2019 差别很小。不同 Access 版本对数据库操作方面的影响很小，无论读者使用哪个 Access 版本都可以顺利学习本书中的内容。

　　本书共 15 章，各章的具体情况见下表。

章　　名	简　　介
第 1 章 数据库的基本概念和设计流程	Access 数据库的基本概念和数据库的基本设计流程
第 2 章 熟悉 Access 操作环境	Access 的界面结构和常用设置
第 3 章 创建数据库和表	创建与管理数据库和表的方法以及它们的一些常用操作
第 4 章 设计表结构	设计表结构的方法

续表

章　名	简　介
第 5 章 创建表关系	表关系的基本概念以及创建和管理表关系的方法
第 6 章 在表中添加和编辑数据	数据表视图的基本概念和基本操作、在表中添加和编辑数据的方法
第 7 章 设置和处理表中的数据	设置表的外观和布局格式、排序和筛选数据、打印数据的方法
第 8 章 创建不同类型的查询	在创建查询之前需要了解的概念和知识，以及创建和设计查询的具体方法
第 9 章 在查询中使用表达式和 SQL 语句	在查询中使用表达式和 SQL 语句的方法
第 10 章 创建不同类型的窗体	创建、设置和使用窗体的方法
第 11 章 在窗体中使用控件	控件的基本概念及其在窗体中的使用方法
第 12 章 创建和设计报表	报表的基本概念，以及创建和设计报表的方法
第 13 章 使用宏自动完成任务	在 Access 中创建、运行和编辑宏的方法
第 14 章 优化和管理数据库	使用 Access 中的工具优化和管理数据库的方法
第 15 章 Access 在实际中的应用	创建一个订单管理系统的完整流程

本书适合以下人群阅读：
- 经常使用 Access 创建和设计数据库的用户。
- 希望掌握 Access 数据库操作和技巧的用户。
- 希望提高数据管理效率的用户。
- 从事信息系统管理工作的人员。
- 从事销售、人力、财务和学校管理工作的人员。
- 在校学生和社会求职者。

本书附赠以下资源：
- 本书示例文件，包括操作前的原始文件和操作后的结果文件。
- 本书重点内容的多媒体视频教程。
- 本书内容的教学 PPT。
- Windows 10 多媒体视频教程。

我们为本书建立了读者 QQ 群（540225940），加群时请注明"读者"或书名以验证身份，读者可以从群文件中下载本书的配套资源，也可以扫描下方二维码下载本书配套资源。如果在学习过程中遇到问题，也可以在群里与编辑或作者进行交流。

示例文件

视频教程

教学 PPT

目　录

第1章
数据库的基本概念和设计流程

本章将介绍与 Access 数据库有关的一些基本概念，包括 Access 数据库的术语、Access 数据库包含的对象以及这些对象的视图。为了使读者从全局的角度对数据库的设计有一个整体的了解，本章还将介绍 Access 数据库的基本设计流程。

1.1　Access 数据库术语

在 Access 数据库中使用的术语与传统的数据库术语相同，包括数据库、表、记录、字段和值等，这些术语所表示的内容在数据库中的层次结构为依次从大到小排列，即数据库 > 表 > 记录 > 字段 > 值。

1.1.1　数据库

数据库是特定类型信息的集合，数据库中的数据以一定的逻辑形式组织在一起，从而将数据转变为有用的信息，便于人们访问和检索。

Access 数据库中的数据存储在一个或多个表中，这些表具有严格定义的结构，从而限制在表中可以包含的内容类型和格式。在 Access 数据库的表中可以存储文本、数字、图片、声音和视频等不同类型的内容。由于 Access 数据库是关系型数据库，所以可以将相关的数据按照逻辑进行划分并存储在多个表中，通过为这些表创建关系可以将这些表中的数据关联在一起，以后就可以从这些表中提取所需的信息，并将这些信息以指定的方式组合在一起。

在数据库中包含多种类型的对象，表只是其中的一种，在数据库中还可以包含查询、窗体、报表和宏等对象，所有对象都位于数据库中，数据库是所有对象的容器。数据库中的所有基础数据都存储在表中，通过表中的数据可以创建查询、窗体和报表，这些对象为用户访问数据提供了灵活的方式：

- 使用查询可以从一个或多个表中查找和检索符合特定条件的数据，还可以同时更新或删除多条记录，以及对数据执行计算。
- 使用窗体可以显示和输入数据。
- 使用报表可以按照指定的格式显示和打印数据。

1.1.2 表

表是 Access 数据库中用于存储基础数据的容器，每个表用于存储单个实体的信息，例如一个人或一种商品的相关信息，表中的数据与该实体密切相关，这些数据存放在表的行和列中。在 Access 中创建并输入数据后的表，其外观类似于 Excel 工作表。

如图 1-1 所示为 Access 数据库中的一个表的示例，该表中的数据用于描述商品的信息。表中的每一行对应于一个特定的商品，表中的每一列定义了每个商品的某一类信息。例如，表中第 6 行的商品信息由 4 个部分组成，即商品编号（S006）、名称（猕猴桃）、品类（水果）和单价（6）。表中其他行的商品信息也都由这 4 个部分组成，只是每个部分的值不同而已。

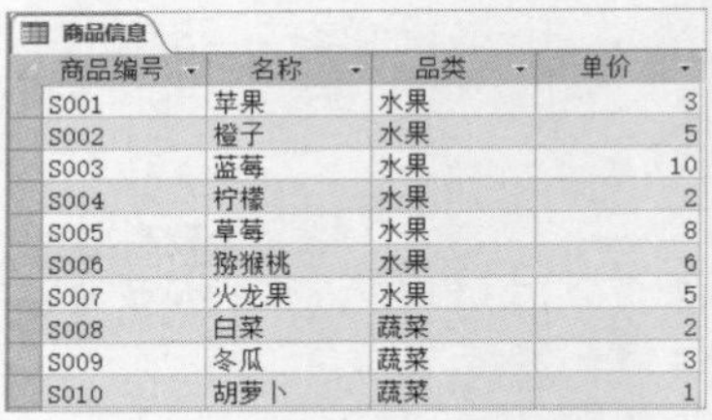

商品编号	名称	品类	单价
S001	苹果	水果	3
S002	橙子	水果	5
S003	蓝莓	水果	10
S004	柠檬	水果	2
S005	草莓	水果	8
S006	猕猴桃	水果	6
S007	火龙果	水果	5
S008	白菜	蔬菜	2
S009	冬瓜	蔬菜	3
S010	胡萝卜	蔬菜	1

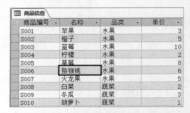

图 1-1 Access 数据库中的表

在表中存储哪些信息需要经过仔细的规划，并对表结构进行严格的设计，避免出现重复和冗余的数据，同时还可以确保表中数据的完整性。设计表结构需要遵循一些重要的规则，这些规则将在 1.3.2 节进行介绍，设计表结构的具体方法将在本书第 4 章进行介绍。

1.1.3 记录、字段和值

“记录”就是表中的每一行数据，表中有多少行，该表就包含多少条记录。表中的每一列都是一个字段，表中有多少列，该表就包含多少个字段。每列顶部的文字是字段的名称，用于描述该列数据的含义。在 1.1.2 节的表中包含 4 个字段，即商品编号、名称、品类和单价，每一条记录都由这 4 个字段组成，为每个字段设置不同的值就构成了不同的商品记录。

每条记录在表中应该是唯一的，即任意两条记录中的所有字段组合而成的数据是不重复的，但是其中的一个或多个字段的值可以相同。值是记录和字段交叉位置上的数据，即表中的每个单元格中的内容。如图 1-2 所示，表中的第 6 条记录中的“名称”字段的值为“猕猴桃”，该值位于第 6 条记录所在的行和“名称”字段所在的列的交叉位置上。

商品编号	名称	品类	单价
S001	苹果	水果	3
S002	橙子	水果	5
S003	蓝莓	水果	10
S004	柠檬	水果	2
S005	草莓	水果	8
S006	猕猴桃	水果	6
S007	火龙果	水果	5
S008	白菜	蔬菜	2
S009	冬瓜	蔬菜	3
S010	胡萝卜	蔬菜	1

图 1-2 值位于记录和字段的交叉位置上

表中的每个字段都包含很多属性，例如字段名、数据类型、字段大小和验证规则等。一些属性只出现在特定数据类型的字段中，例如文本类型的字段包含一个名为“允许空字符串”的属性，而数值类型的字段不包含该属性。

属性定义了字段的特性。例如，字段的数据类型定义字段中可以包含哪一类数据，是文本、数字还是超链接。字段的数据类型和其他属性将在本书第 4 章进行介绍。

1.2 Access 数据库对象及其视图

在 Access 数据库中有 7 种对象，即表、查询、窗体、报表、页、宏和模块。前 4 种是 Access 数据库中最常用的对象，本节将介绍这 4 种对象及其视图。视图为对象提供了界面的不同布局和命令，为创建和编辑对象带来方便。

1.2.1 表

表用于存储数据库所使用的基础数据（或称底层数据）。当更改表中的数据时，包含该数据的所有位置都会自动使用数据的最新版本进行更新。

　　表有两种视图,即设计视图和数据表视图。设计视图用于定义、设计和修改表的结构,如图 1-3 所示。在设计视图中可以指定表中包含的字段名称和数据类型,并设置字段的属性。

图 1-3　表的设计视图

　　数据表视图用于在表中添加和编辑数据,正如读者在 1.1.2 节中看到的表。数据在数据表视图中的显示方式类似于 Excel 工作表,表中的数据显示为一系列的行和列。在数据表视图和表设计视图之间切换有以下几种方法:

- 单击 Access 窗口底部状态栏中的"数据表视图"按钮 或"设计视图"按钮 ,如图 1-4 所示。
- 在功能区的"开始"选项卡中单击"视图"按钮,然后在弹出的菜单中选择"数据表视图"或"设计视图"命令,如图 1-5 所示。
- 在导航窗格中双击某个表,将在数据表视图中打开该表。在导航窗格中右击某个表,然后在弹出的菜单中选择"设计视图"命令,将在表设计视图中打开该表,如图 1-6 所示。导航窗格位于 Access 窗口的左侧,本书第 2 章将介绍导航窗格。
- 右击已打开的表的选项卡标签,在弹出的菜单中选择"数据表视图"或"设计视图"命令,如图 1-7 所示。

图 1-4　使用状态栏中的视图按钮　　图 1-5　使用功能区中的命令　　图 1-6　使用导航窗格中的鼠标快捷菜单命令　　图 1-7　使用选项卡标签上的鼠标快捷菜单命令

3

提示：后面介绍的其他几个对象的视图切换方式与表的视图切换方式类似，都可以通过功能区、状态栏、导航窗格或文档选项卡标签来进行切换，唯一的区别是命令的名称不同。

1.2.2 查询

利用查询可以从数据库中提取符合指定条件的数据。例如，"订单信息"表中包含订单编号、订购日期、客户编号等信息，"客户信息"表中包含客户编号、姓名、性别、年龄、电话等信息，利用查询可以从这两个表中提取出特定订单及其关联的客户信息，即在提取出的内容中可以同时包括订单编号、订购日期、客户编号、姓名、性别、年龄、电话等信息。

用户可以指定在查询中返回哪些信息，以及这些信息的排列顺序，这样就为获得信息的不同组合结果提供了非常灵活的方式。查询还可以作为窗体和报表的数据源，以便在每次打开窗体或报表时都能显示表的最新数据。查询的相关操作将在本书第 8 章和第 9 章进行介绍。

查询有 3 种视图，即数据表视图、设计视图和 SQL 视图。数据表视图用于显示查询的结果，设计视图的查询设计窗格用于设置查询的条件，SQL 视图用于编写 SQL 语句来构建查询。如图 1-8 所示为查询的设计视图。

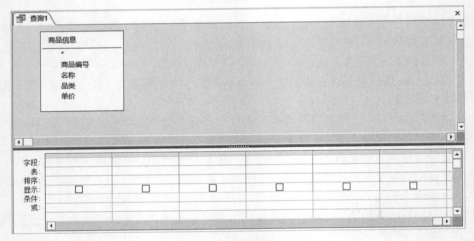

图 1-8　查询的设计视图

1.2.3 窗体

Access 中的窗体分为两类，一类窗体用于显示表或查询中的数据，不仅可以使数据按照特定的结构显示，还可以保护表中的敏感数据不会轻易地被别人看到；另一类窗体用于向表中输入数据。直接在表的数据表视图中输入数据很容易出错，使用窗体可以提供结构化的输入界面，限制用户必须输入哪些数据，并屏蔽不需要输入的数据，以更加简洁的方式将数据输入表中，避免出现误操作或任何可能发生的错误。

窗体有 3 种视图，即窗体视图、布局视图和设计视图。窗体视图用于在窗体中显示表和查询中的数据，但是不能对窗体本身的设计进行编辑，如图 1-9 所示。布局视图用于对窗体本身的设计进行编辑，包括几乎所有影响窗体的外观和可用性的操作以及对控件的编辑操作，如图 1-10 所示。由于布局视图中的窗体实际上正处于运行状态，所以用户可以在修改窗体时看到实际的数据，便于调整窗体和控件的大小和位置。

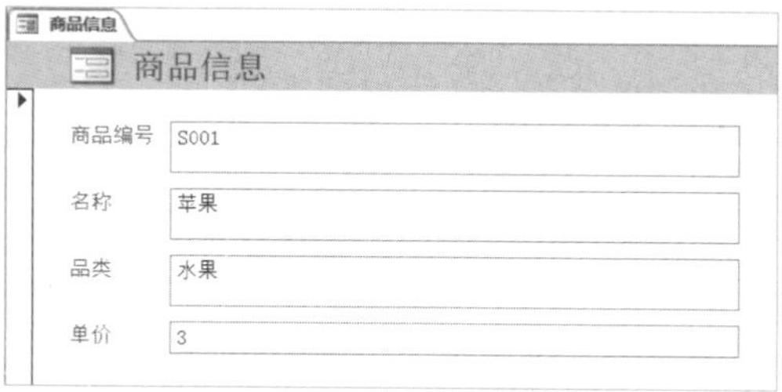

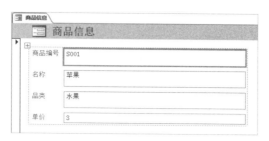

图 1-9　窗体的窗体视图

图 1-10　窗体的布局视图

在设计视图中显示了更详细的窗体结构，包括窗体的页眉、主体和页脚等部分。设计视图中的窗体并未处于运行状态，因此在设计视图中不会显示窗体包含的实际数据。以下几种操作需要在设计视图中完成：

- 调整窗体各个部分的大小。
- 在窗体中添加不同类型的控件。
- 直接在文本框中编辑文本框的控件来源，而无须使用属性表。
- 更改某些无法在布局视图中更改的窗体属性。

1.2.4　报表

报表的很多功能与窗体类似，它们的主要区别在于用途不同，窗体主要用于接收用户的输入或将数据显示在屏幕上，而报表主要用于以特定的格式呈现数据并进行汇总计算，用户可以在屏幕上查看报表，也可以将其打印到纸张上。在报表中可以包含表中的全部或部分数据，还可以对数据进行分组和汇总计算。

报表有 4 种视图，即报表视图、打印预览视图、布局视图和设计视图，如图 1-11 所示为报表的打印预览视图。报表视图用于查看报表在屏幕上的显示效果。打印预览视图用于预览将报表打印到纸张上的实际效果。报表的布局视图和设计视图类似于窗体的布局视图和设计视图，布局视图中的报表也处于运行状态，因此在该视图中会显示报表包含的实际数据，而在报表的设计视图中不会显示实际数据。

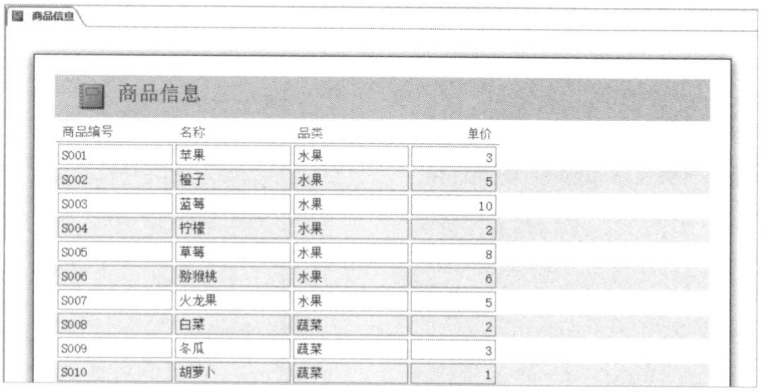

商品编号	名称	品类	单价
S001	苹果	水果	3
S002	橙子	水果	5
S003	蓝莓	水果	10
S004	柠檬	水果	2
S005	草莓	水果	8
S006	猕猴桃	水果	6
S007	火龙果	水果	5
S008	白菜	蔬菜	2
S009	冬瓜	蔬菜	3
S010	胡萝卜	蔬菜	1

图 1-11　报表的打印预览视图

1.2.5　查看数据库对象的详细信息

如果想要快速了解数据库对象的详细信息，可以使用 Access 提供的数据库文档管理器。使用数据库文档管理器将创建一个包含选定对象的详细信息的报表，并在打印预览视图中打开该报表。例如，对于表来说，报表中列出的表的信息包括数据库的完整路径、表的名称、表的属性、表中字段的属性、主键和用户权限等。使用数据库文档管理器的操作步骤如下：

（1）打开包含要查看的对象的数据库，然后在功能区的"数据库工具"选项卡中单击"数据库文档管理器"按钮，如图 1-12 所示。

图 1-12　单击"数据库文档管理器"按钮

（2）打开"文档管理器"对话框，在该对话框中选择要查看的对象。每个选项卡中列出了不同类型的对象，以便于用户按照对象的类型来快速选择对象。如果要选择数据库中的所有对象，可以在"全部对象类型"选项卡中进行选择，如图 1-13 所示。

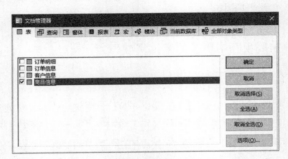

图 1-13　选择要查看其信息的对象

提示：如果要指定在报表中显示哪些信息，则可以单击"选项"按钮，然后在打开的对话框中进行选择，如图 1-14 所示。根据当前选中的对象类型，打开的对话框的标题和其中的选项会有所不同。

（3）单击"确定"按钮，将创建包含所选对象的报表，其中显示了该对象的相关信息，如图 1-15 所示。如果报表包含多个页面，则可以使用键盘上的左箭头键和右箭头键切换显示不同的页面。

图 1-14　选择要显示的信息类型

图 1-15　创建包含对象信息的报表

1.3 Access 数据库的基本设计流程

本节将介绍在 Access 中设计数据库的基本流程，了解这些内容可以使读者对数据库的设计过程有一个整体的了解。虽然本节内容并未涉及设计数据库的具体操作，但是为了能够设计出结构良好且易于使用的数据库，读者在真正开始设计数据库之前很有必要了解本节介绍的内容。

1.3.1 确定数据库的用途并组织相关信息

在进行数据库设计的整个过程中，首先需要确定数据库的用途、使用者和使用方式，从而使数据库的设计目标清晰明确，设计出具有针对性的数据库。为此，数据库设计人员可以在纸上使用一段或多段描述性的内容来记录数据库的用途、使用时间和方式，该过程可以为整个数据库设计提供一份明确的任务说明和参考，以便更好地把握设计重点和核心目标。

在确定数据库的用途后，接下来需要收集并组织数据库中的信息。收集信息的最直接方式是从现有的信息着手，收集任何现有的纸质文件和电子文档，并列出其中包含的每一种信息。此外，还可以向其他人征询意见，以免遗漏重要的信息。虽然最初收集的信息不一定包括数据库最终的所有内容，但是应该尽可能列出能想到的任何信息。

在列出数据库的相关信息后，可以重新考虑数据库的用途，即希望数据库为用户提供哪些信息。例如，可能想要在数据库中查找 1 月份销量位居前 3 名的产品信息，或者列出上半年订单累计销售额在 1 万元以上的客户名单。对数据库在使用中可能遇到的实际问题进行预估，将有助于检查数据库信息的完整性。

在数据库的初期构思阶段，应该预先考虑数据的最终输出形式——报表。可以先为最终的报表设计一个基本原型，并考虑在报表中需要包含哪些信息。同时，还应该考虑将每条信息分为最小的有用单元，使信息相对独立并具有灵活的可操作性，以便于在数据库中进行各种所需的处理。

1.3.2 数据库规范化设计的基本原则

重复和冗余的信息不仅浪费计算机的磁盘空间，降低任务的执行效率，还会在修改信息时出现遗漏和不统一的问题。设计良好的数据库应该确保信息的正确和完整，避免出现数据的重复和冗余等问题。

为了更好地组织数据库中的数据，将它们划分到多个表中，并确保每个表具有正确的结构设计。在设计数据库时需要遵循一些基本的设计原则，将这些原则应用到数据库设计的过程称为数据库的规范化。数据库的规范化主要包括 3 个阶段，依次将它们称为第一范式、第二范式和第三范式。

1. 第一范式

第一范式规定：表中的每个值只包含单独的一项，不能包含多项。

如图 1-16 所示，表中的"姓名"列的每个单元格中都包含由逗号分隔的两项内容，每项内容都由姓名和年龄两类信息组成，该列数据的组织方式违反了第一范式的规定。如图 1-17 所示为整理后的符合第一范式的表，将姓名和年龄分别放到两列中。

2. 第二范式

第二范式规定：表中的字段必须完全依赖于该表的主键，将不完全依赖于主键的其他字段划分到其他表中。

客户信息1		
客户编号	姓名	性别
K001	孟阳舒，22	女
K002	梁聘，35	男
K003	钟任，22	男
K004	廖胜，37	女
K005	癸佳太，36	女
K006	郭夷，30	男

图 1-16　不符合第一范式的表

客户信息2			
客户编号	姓名	性别	年龄
K001	孟阳舒	女	23
K002	梁聘	男	35
K003	钟任	男	22
K004	廖胜	女	37
K005	癸佳太	女	36
K006	郭夷	男	30

图 1-17　符合第一范式的表

第二范式的规定实际上是将一个大表划分为信息相对独立的多个小表，划分后的每个表中的信息只涉及一个实体。如图 1-18 所示，表中列出了每个订单的订单编号、订购日期，以及客户姓名、性别、年龄、电话等信息。由于有的客户提交了多个订单，所以这些订单中的客户信息将会重复出现。例如，订单编号为 D003 和 D004 的两个订单的客户姓名都是"钟任"，这两行记录的"客户姓名""性别""年龄"和"电话"几个字段中的值都是重复的。

订单信息1					
订单编号	订购日期	客户姓名	性别	年龄	电话
D001	2021/3/5	周屿	女	27	13899990000
D002	2021/3/6	郭夷	男	30	13566667777
D003	2021/3/5	钟任	男	22	13233334444
D004	2021/3/5	钟任	男	22	13233334444
D005	2021/3/5	癸佳太	女	36	13455556666
D006	2021/3/6	郭夷	男	30	13566667777
D007	2021/3/2	郭夷	男	30	13566667777
D008	2021/3/3	孟阳舒	女	23	13011112222
D009	2021/3/1	孟阳舒	女	23	13011112222
D010	2021/3/2	郭夷	男	30	13566667777

图 1-18　不符合第二范式的表

按照第二范式的规定，应该将与客户信息相关的字段从该表中删除，并将它们划分到用于描述客户信息的表中，这是因为一个客户可以有多个订单，客户信息并不完全依赖于某个特定的订单编号。

经过调整后得到"订单信息"和"客户信息"两个表，"订单信息"表中现在包含"订单编号""订购日期"和"客户编号"3 个字段，"客户信息"表中的客户信息也只出现一次，不再包含冗余数据。两个表同时包含一个"客户编号"字段，通过该字段为两个表中的数据建立关联，如图 1-19 所示。

订单信息		
订单编号	订购日期	客户编号
D001	2021/3/5	K009
D002	2021/3/6	K006
D003	2021/3/5	K003
D004	2021/3/5	K003
D005	2021/3/5	K005
D006	2021/3/6	K006
D007	2021/3/2	K006
D008	2021/3/3	K001
D009	2021/3/1	K001
D010	2021/3/2	K006

（a）

客户信息				
客户编号	姓名	性别	年龄	电话
K001	孟阳舒	女	23	13011112222
K002	梁聘	男	35	13122223333
K003	钟任	男	22	13233334444
K004	廖胜	女	37	13344445555
K005	癸佳太	女	36	13455556666
K006	郭夷	男	30	13566667777
K007	刘翔潼	男	28	13677778888
K008	郁蓐	女	37	13788889999
K009	周屿	女	27	13899990000
K010	张亚	男	39	13900001111

（b）

图 1-19　符合第二范式的表

3．第三范式

第三范式规定：表中的各个字段之间相对独立，彼此之间没有内在的联系。

例如，在一个包含商品单价、订购数量和总价的表中，通过商品单价和订购数量的乘积可以计算出总价。在修改商品单价或订购数量时总价会随之改变。该表中的"总价"字段违反了第三范式的规定，应该将"总价"字段从表中删除，并通过"计算字段"功能在表中添加"总价"。

1.3.3　创建和设计表

表是 Access 数据库中最基本也是最重要的对象，它为其他对象提供了要操作和处理的基础数据。在 Access 中需要先创建表，然后设计表的结构并创建表之间的关系，再将数据输入各个表中，以后就可以通过查询、窗体和报表来操作表中的数据了。表设计的好坏将直接影响数据库的使用方式和操作效率。

创建和设计表的基本步骤如下：

（1）在数据库中创建新的表。

（2）运用规范化设计原则规划表的用途，确定其中包含哪些字段，以及要在表中存放哪些类型的数据。在表设计视图中添加所需的字段，并设置每个字段的数据类型和描述信息。

（3）为每个字段设置所需的属性，以决定字段的特性、显示和行为方式。

（4）为表设置主键和索引，以区分表中的每一条记录，并加快检索和排序数据的速度。

（5）保存表的设计结果。

（6）为数据相关的两个或多个表创建关系。

在 Access 中创建表的方法有很多种，可以创建空白表，也可以创建包含现有数据的表。在创建包含现有数据的表时，可以使用 Access 中的导入功能将其他程序中的数据导入 Access，也可以通过复制 / 粘贴的方式将数据导入 Access 中。创建表的详细内容将在第 3 章进行介绍，在表中添加数据的详细内容将在第 6 章进行介绍。

设计表的结构是指规划信息在表中的组织方式，包括这些信息所使用的字段名称、数据类型和其他一些属性。例如，应该将"商品名称"字段的数据类型设置为文本格式，而将"订购数量"字段的数据类型设置为数字格式。设计表结构的详细内容将在第 4 章进行介绍。

主键是一个用于区分表中每一条记录的字段。如果不想在表中出现重复的记录，则需要为表设置一个主键。由于 Access 规定在作为主键的字段中不能包含重复的数据，所以可以通过主键来唯一识别表中的每一条记录。主键的另一个重要作用是为两个表创建关系。为表设置主键的详细内容将在第 4 章进行介绍。

索引的主要作用是为了加快在表中搜索和排序数据的速度。Access 会自动为表中作为主键的字段创建索引，用户也可以手动为字段创建索引。为字段设置索引的详细内容将在第 4 章进行介绍。

将数据划分到多个表中之后，通过在各个表之间创建关系，可以将这些表中的数据关联在一起，然后同时从这些表中提取所需的信息，就像这些信息位于同一个表中一样。表关系主要有一对一、一对多和多对多 3 种。如图 1-20 所示是为两个表创建的一对多关系，Access 会自动在这两个表之间添加一条连接线。创建表关系的详细内容将在第 5 章进行介绍。

图 1-20　为两个表创建关系

1.3.4　创建查询、窗体和报表

在完成表的设计并向表中添加数据后，接下来可以使用表中的数据创建查询、窗体和报表。无论创建哪种对象，其根本目的都是为了从一个或多个表中获取符合条件的数据。窗体除了可以显示数据外，还可以作为用户输入数据的操作界面。

查询的详细内容将在第 8 章和第 9 章进行介绍，窗体的详细内容将在第 10 章和第 11 章进行介绍，报表的详细内容将在第 12 章进行介绍。

第2章
熟悉 Access 操作环境

为了提高在 Access 中的操作效率，需要先熟悉 Access 的操作环境，并根据个人操作习惯对界面进行一些自定义设置。尤其对于使用 Access 2003 或更低版本的 Access 用户来说，更有必要了解 Access 2007 及更高版本的 Access 在程序界面方面的一些重要改变。本章将介绍 Access 的界面结构和常用设置。

2.1　Access 界面结构

在开始进行数据库设计之前，首先应该对 Access 的界面结构有所了解，以便可以更容易地在 Access 中执行各种操作。Access 界面由快速访问工具栏、功能区、"文件"按钮、导航窗格、选项卡式文档和状态栏等部分组成。如果用户使用过 Microsoft Office 中的其他组件，则会很容易掌握 Access 的界面结构。

2.1.1　快速访问工具栏

在 Access 程序中打开一个数据库文件后，Access 程序窗口的顶部将显示该数据库文件的名称和路径，以及 Access 程序的名称，这部分内容称为"标题栏"。快速访问工具栏位于标题栏的左侧，其中包含一些命令，它们以按钮的形式显示，单击这些按钮可以执行相应的 Access 命令，如图 2-1 所示。

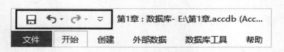

图 2-1　快速访问工具栏

在快速访问工具栏中默认只有"保存""撤销"和"恢复"3 个命令，用户可以向其中添加所需的命令，或从中删除不需要的命令。

2.1.2　功能区

功能区位于 Access 标题栏的下方，是一个横向贯穿整个 Access 窗口的矩形区域，如图 2-2

所示。在功能区中包含多个选项卡，每个选项卡的名称显示在选项卡的上方，例如"开始"选项卡、"创建"选项卡。单击选项卡的名称将激活相应的选项卡，然后可以执行其中的命令。

图 2-2 Access 界面中的功能区

在功能区的各个选项卡中包含很多 Access 命令，在每个选项卡中将命令按照功能划分为多个组。例如，"创建"选项卡中的命令按照对象的类型和创建方式分为"模板""表格""查询""窗体""报表"和"宏与代码" 6 个组。

功能区中的命令有多种类型，有可以直接单击就执行操作的按钮，例如"开始"选项卡中的"查找"按钮，如图 2-3 所示；也有可以从多个选项中选择其中之一的下拉列表和单选按钮，例如"开始"选项卡中的"字体"下拉列表，如图 2-4 所示；还有可以同时选择多个选项的复选框，例如"表格工具 | 字段"选项卡中位于"字段验证"组中的几个复选框，如图 2-5 所示。

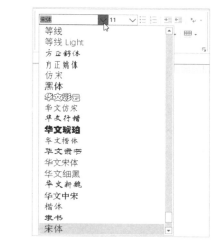

图 2-3 按钮　　　　图 2-4 下拉列表　　　　图 2-5 复选框

在个别组的右下角有一个 按钮，将其称为"对话框启动器"，如图 2-6 所示。单击该按钮将打开一个对话框，其中包含该按钮所在组中的所有命令和选项。例如，单击"开始"选项卡中的"文本格式"组右下角的 标记，将打开"设置数据表格式"对话框。

图 2-6 对话框启动器

2.1.3 "文件"按钮

"文件"按钮位于功能区中的"开始"选项卡的左侧，单击"文件"按钮将进入如图 2-7 所示的界面，其中包含与数据库文件操作相关的命令，例如"新建""打开"和"关闭"等。在该界面中还包含用于设置 Access 程序选项的"选项"命令，选择该命令将打开"Access 选项"对话框。在 2.2 节中将介绍它的一些常用的设置。

图 2-7　单击"文件"按钮进入的界面中包含与数据库文件操作相关的命令

2.1.4　导航窗格

导航窗格位于 Access 窗口的左侧，是 Access 中最常使用的界面组件。当打开一个数据库时，数据库中包含的所有对象都将显示在导航窗格中，默认按照对象的类型分组显示，例如数据库中包含的所有表都显示在名为"表"的类别中，如图 2-8 所示。

在导航窗格中可以按照不同的方式显示数据库对象。单击窗格顶部的下拉按钮，在弹出的菜单中选择数据库对象的显示方式，包括"浏览类别"和"按组筛选"两类，如图 2-9 所示。

图 2-8　导航窗格　　　图 2-9　选择数据库对象的显示方式

"浏览类别"中的选项决定对象的分组方式，"按组筛选"中的选项会随"浏览类别"中当前选中的选项而改变。例如，在"浏览类别"中选择"表和相关视图"时，数据库中的所有对象会以表为分组依据进行显示，基于同一个表创建的查询、窗体和报表都会显示在该表所在的分类中，如图 2-10 所示。此时"按组筛选"类别中的选项会变为各个表的名称，如图 2-11所示。

除了在导航窗格中查看数据库对象外，还可以在导航窗格中操作数据库对象，只需在导航窗格中右击要操作的数据库对象，然后在弹出的菜单中选择要执行的命令，如图 2-12 所示。

图 2-10　以表为分组依据

图 2-11　"按组筛选"中的
选项自动改变

图 2-12　右击数据库对象
时弹出的菜单

使用菜单中的命令可以对数据库对象执行以下几种操作。

- 打开数据库对象：在鼠标快捷菜单中选择"打开"命令，或直接双击数据库对象。
- 切换视图：可以从当前视图切换到其他视图，不同的数据库对象，其快捷菜单中包含的视图命令也不同。例如，对于"窗体"类型的对象来说，在鼠标快捷菜单中会包含"布局视图"和"设计视图"两个用于切换视图的命令。
- 编辑数据库对象：可以对数据库对象执行常用的编辑操作，例如重命名、剪切、复制、粘贴和删除等。
- 导入和导出数据：Access 为所有对象都提供了"导出"命令，使用该命令可以将不同类型的对象导出为指定的文件格式。然而，只有表才有"导入"命令，使用该命令可以将其他文件中的数据导入指定的 Access 表中。

提示：上面这些操作的具体用法将在本书的后续章节中进行详细介绍。

如果暂时不使用导航窗格，可以将其最小化，以节省其占用的空间。单击导航窗格顶部右侧的"百叶窗开 / 关"按钮 «，即可将导航窗格压缩为一个窄条，如图 2-13 所示。在需要使用导航窗格时，单击这个窄条即可恢复其原始大小。用户还可以拖动导航窗格的右边框，手动调整导航窗格的宽度。

用户可以设置导航窗格的显示方式。使用以下两种方法打开导航窗格的设置界面：

- 右击导航窗格中的空白处，在弹出的菜单中选择"导航选项"命令，如图 2-14 所示。

图 2-13　最小化时的导航窗格

图 2-14　选择"导航选项"命令

- 单击"文件"按钮并选择"选项"命令,打开"Access 选项"对话框,在"当前数据库"选项卡中单击"导航选项"按钮,如图 2-15 所示。

打开的"导航选项"对话框如图 2-16 所示,用户可以在其中进行以下 3 类设置:

- 在"分组选项"类别中对导航窗格中显示的类别及其中的分组进行自定义设置。
- 在"显示选项"类别中设置在导航窗格中显示的组件,例如取消选中"显示搜索栏"复选框,将隐藏导航窗格中的搜索栏。
- 在"对象打开方式"类别中设置从导航窗格中打开数据库对象的方式,默认为双击对象时将其打开,可以选中"单击"单选按钮,以便在单击对象时即可将其打开。

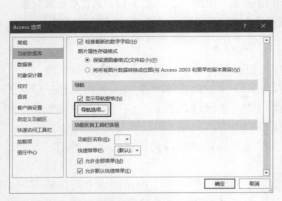

图 2-15 单击"导航选项"按钮

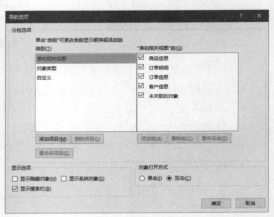

图 2-16 "导航选项"对话框

2.1.5 选项卡式文档

在数据库中打开多个对象时,各个对象按照打开的顺序依次显示在一系列的选项卡中,每个选项卡的名称与对象的名称一一对应。如图 2-17 所示显示了 6 个选项卡,表示当前打开了 6 个数据库对象,单击某个选项卡,即可显示该选项卡中的内容。右击选项卡,在弹出的

图 2-17 打开的数据库对象以选项卡的形式显示

菜单中包含了与对象相关的一些常用命令,例如"保存""关闭"以及用于切换视图的命令。

2.1.6 状态栏

状态栏位于 Access 窗口的底部,其中显示了当前打开的数据库对象的视图按钮,单击这些按钮可以切换到不同的视图。当切换到某个视图时,将在状态栏的左侧显示视图的名称,如图 2-18 所示。在状态栏中还会显示使用数据库过程中的一些状态信息,例如设计表结构时的字段属性提示。

在特定视图下,状态栏中还会显示用于调整窗口显示比例的控件,如图 2-19 所示,拖动滑块或单击滑块两端的按钮都可以调整显示比例。

图 2-18 在状态栏中显示视图按钮和当前视图的名称

图 2-19 设置显示比例的控件

2.1.7　自定义设置快速访问工具栏和功能区

用户可以将常用的命令添加到快速访问工具栏，以后就可以单击快速访问工具栏中的按钮执行这些命令，从而提高操作效率。

单击快速访问工具栏右侧的下拉按钮▼，弹出如图 2-20 所示的菜单，其中带有对勾标记的命令表示当前已被添加到快速访问工具栏。选择没有对勾标记的命令可将其添加到快速访问工具栏，选择有对勾标记的命令则将其从快速访问工具栏中删除。

如果要将功能区中的命令添加到快速访问工具栏，可以右击功能区中的某个命令，在弹出的菜单中选择"添加到快速访问工具栏"命令，如图 2-21 所示。

图 2-20　在下拉菜单中选择要添加的命令

图 2-21　将功能区中的命令添加到快速访问工具栏

如果要添加的命令不在功能区中，则可以右击快速访问工具栏，在弹出的菜单中选择"自定义快速访问工具栏"命令，打开"Access 选项"对话框的"快速访问工具栏"选项卡，在左侧的下拉列表中选择"不在功能区中的命令"，如图 2-22 所示。

在左侧下方的列表框中将显示"不在功能区中的命令"类别中的命令，选择要添加的命令，然后单击"添加"按钮，将其添加到右侧的列表框中，如图 2-23 所示。位于右侧列表框中的命令将显示在快速访问工具栏中，单击"上移"按钮▲或"下移"按钮▼可以调整命令的排列顺序。

图 2-22　选择"不在功能区中的命令"

使用以下两种方法可以删除快速访问工具栏中的命令：

- 在快速访问工具栏中右击要删除的命令，然后在弹出的菜单中选择"从快速访问工具栏删除"命令。
- 打开"Access 选项"对话框的"快速访问工具栏"选项卡，在右侧的列表框中选择要删除的命令，然后单击"删除"按钮。

自定义设置功能区的方法与自定义快速访问工具栏类似，右击功能区，在弹出的菜单中选择"自定义功能区"命令，打开"Access 选项"对话框的"自定义功能区"选项卡，在左侧的下拉列表中选择命令所在的位置，在下方的列表框中选择所需的命令，然后在右侧的列表框中选择一个组，单击"添加"按钮，将所选命令添加到选中的组中。

在自定义功能区时，使用"新建选项卡""新建组"和"重命名"3 个按钮，用户可以在

Access 默认的选项卡中创建新的组，并将所需命令添加到新建的组中，也可以完全创建新的选项卡，并修改选项卡、组和命令的名称，如图 2-24 所示。

图 2-23　将所需的命令添加到快速访问工具栏　　　　图 2-24　自定义功能区

注意：只能将命令添加到用户新建的组中，而不能添加到 Access 默认的组中。

快速访问工具栏和功能区有两个显示方面的常用设置。快速访问工具栏默认位于功能区的上方，右击快速访问工具栏，在弹出的菜单中选择"在功能区下方显示快速访问工具栏"命令，即可将快速访问工具栏移动到功能区的下方，如图 2-25 所示。

另一个显示方面的设置是将功能区折叠起来，以扩大工作区域的空间。双击功能区中的任意一个选项卡的名称，即可将功能区折叠起来，如图 2-26 所示。此时单击任意一个选项卡的名称，将临时显示选项卡中的命令，一旦单击其他位置，该选项卡会再次折叠起来。

图 2-25　选择"在功能区下方显示快速访问工具栏"命令　　　图 2-26　折叠功能区

2.2　Access 常用设置

本节将介绍一些有用的设置，这些设置不仅可以为用户的操作带来方便，提高操作效率，还可以满足用户在操作习惯方面的需求。

2.2.1　设置数据库的默认文件格式和存储位置

在 Access 2007 及更高版本的 Access 中，创建的数据库文件的默认格式为 .accdb，该格式无法直接在 Access 2003 及更低版本的 Access 中打开。如果希望创建的数据库可以同时在不同的 Access 版本中打开，则需要更改数据库的默认格式。

单击"文件"按钮并选择"选项"命令，打开"Access 选项"对话框，在"常规"选项卡的"空白数据库的默认文件格式"下拉列表中选择创建空白数据库时的默认文件格式，然后单击"确定"按钮，如图 2-27 所示。

每次创建空白数据库时，如果不更改存储位置，则将数据库存储在以下位置（假设

Windows 操作系统安装在 C 盘）：

```
C:\Users\<用户名>\Documents
```

图 2-27　设置数据库的默认文件格式

用户可以将常用的文件夹设置为所创建空白数据库的默认存储位置，只需在"Access 选项"对话框的"常规"选项卡中单击"浏览"按钮，然后选择所需的文件夹即可。

2.2.2　设置打开数据库对象时的显示方式

在 Access 中打开数据库对象时，默认以选项卡的形式显示。如果用户习惯于在各个独立的窗口中打开数据库对象，则可以通过设置实现，操作步骤如下：

（1）单击"文件"按钮并选择"选项"命令，打开"Access 选项"对话框。

（2）在"当前数据库"选项卡中选中"重叠窗口"单选按钮，然后单击"确定"按钮，如图 2-28 所示。

（3）显示如图 2-29 所示的提示信息，单击"确定"按钮。关闭当前的数据库并在 Access 中重新打开它，所做的设置即可生效。

图 2-28　将数据库对象的显示方式改为独立窗口　　　图 2-29　重新打开数据库使设置生效

注意：该设置仅对当前数据库有效，如果要让其他数据库在选项卡和独立窗口两种显示方式之间切换，需要逐一进行设置。

2.2.3　设置状态栏的显示方式

状态栏默认显示在 Access 窗口的下方，用户可以通过隐藏状态栏来扩大窗口的显示空间，操作步骤如下：

（1）单击"文件"按钮并选择"选项"命令，打开"Access 选项"对话框。

（2）在"当前数据库"选项卡中取消选中"显示状态栏"复选框，然后单击"确定"按钮，如图 2-30 所示。

（3）在显示的提示信息对话框中单击"确定"按钮，关闭当前数据库并重新打开它，即可在以后打开该数据库时隐藏状态栏。

如果要使该设置对本地计算机中打开的所有数据库都有效，则需要在"Access 选项"对话框的"客户端设置"选项卡中取消选中"状态栏"复选框，如图 2-31 所示。

图 2-30　取消选中"显示状态栏"复选框

图 2-31　应用于本地所有数据库的状态栏设置

2.2.4　禁止每次删除对象时显示确认删除的提示信息

每次删除数据库中的表、查询、窗体和报表等对象时都会显示确认删除的提示信息，只有经过用户的确认才能完成删除操作，如果经常执行删除操作，则会严重降低效率。用户可以取消在删除对象时显示该类提示信息，操作步骤如下：

（1）单击"文件"按钮并选择"选项"命令，打开"Access 选项"对话框。

（2）在"客户端设置"选项卡中取消选中"文档删除"复选框，然后单击"确定"按钮，如图 2-32所示。

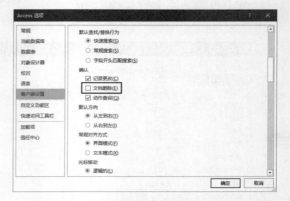

图 2-32　取消选中"文档删除"复选框

第 3 章
创建数据库和表

表为 Access 中的其他对象提供基础数据,在创建其他对象之前需要先创建表。由于数据库是其他对象的容器,所以掌握数据库的基本操作是非常有必要的。本章将介绍创建与管理数据库和表的方法,以及它们的一些常用操作。

3.1 创建数据库

Access 中的数据库以文件的形式存储在计算机磁盘中。在开始对数据库进行具体的设计之前,首先需要创建一个数据库,即创建一个 Access 文件,然后才能在其中创建表、查询、窗体和报表等对象。Access 为用户提供了一些数据库模板,使用它们可以快速创建出符合特定业务需求的数据库,并可直接投入使用。用户也可以创建空白数据库,然后从头开始设计数据库。

3.1.1 使用模板创建数据库

如果想要快速得到满足特定业务需求的数据库,可以使用 Access 内置的数据库模板进行创建。在启动 Access 程序时将显示如图 3-1 所示的界面,该界面分为左、右两个部分,在左侧单击"新建",右侧将显示 Access 内置的模板。

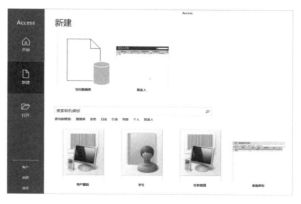

图 3-1　新建数据库的界面

每个模板以缩略图的形式显示，缩略图的下方
显示了模板的名称，用户可以根据业务需求选择合
适的模板。如果当前列出的模板不能满足需求，则
可以在文本框中输入关键字并单击 🔍 按钮，联机搜
索特定的模板。

单击某个模板缩略图后，将显示如图 3-2 所示
的界面，其中显示了模板的名称、简要说明、文件
大小等内容。用户可以在"文件名"文本框中输入
数据库的名称以替换默认名称。该文本框的下方显

图 3-2　使用内置模板创建数据库

示了数据库的存储位置，单击文本框右侧的 🖼 按钮可以更改存储位置。单击"创建"按钮，将
基于当前模板创建数据库。

提示： 单击界面左、右两侧的箭头可以切换显示其他的模板。

3.1.2　创建空白数据库

如果内置模板不符合使用要求，那么可以从头开
始创建数据库，此时需要先创建一个空白数据库，然
后在其中创建表、查询、窗体和报表等对象。在前面
介绍的新建数据库的界面中单击名为"空白数据库"
的缩略图，如图 3-3 所示，在打开的对话框中设置数
据库的名称和存储位置，然后单击"创建"按钮，将
创建一个空白的数据库，其中包含一个名为"表 1"
的空表。

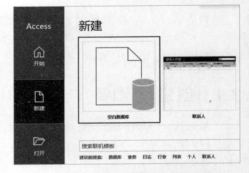

图 3-3　单击"空白数据库"缩略图

提示： 从 Access 2007 开始，微软公司为 Access
数据库文件提供了扩展名为 .accdb 的新文件格式。如
果创建的数据库只在 Access 2007 或更高版本的 Access 中使用，则应该使用新的文件格式。如
果创建的数据库可能会在 Access 2003 或更低版本的 Access 中使用，则应该将数据库以 .mdb 文
件格式保存。设置数据库的默认文件格式的方法请参考 2.2.1 节。用户也可以将现有数据库另存
为其他格式，具体方法将在 3.2.3 节进行介绍。

3.2　数据库的基本操作

除了创建数据库外，用户还需要掌握数据库的一些常用操作，包括数据库的打开、关闭和
另存等。本节并未专门介绍如何保存数据库，这是因为在 Access 中创建数据库时就已经将其保
存到磁盘中了，而且在对数据库中的对象进行更改时 Access 会要求用户立刻保存为对象所做的
更改，Access 也会自动保存其他一些操作的结果，所以通常不需要单独执行保存数据库的操作。

3.2.1　打开数据库

在 Access 中执行任何操作之前需要先打开数据库，然后才能编辑其中的表、查询、窗体、
报表等对象。启动 Access 后，在启动界面中将显示最近打开过的几个数据库，单击其中一个即
可将其打开，如图 3-4 所示。

如果当前已经打开了一个数据库，还想再打开其他的数据库，则可以单击"文件"按钮并选择"打开"命令，进入"打开"界面，其中列出了最近打开过的数据库，如图 3-5 所示，单击要打开的数据库，即可在 Access 中打开该数据库。如果要打开的数据库未在该界面中列出，则可以单击界面中的"浏览"按钮，然后在"打开"对话框中双击要打开的数据库。

图 3-4　在启动界面中打开最近使用过的数据库

图 3-5　在"打开"界面中打开数据库

提示：使用上面介绍的方法在 Access 中不能同时打开多个数据库。如果要同时打开多个数据库，则可以先在 Access 中打开一个数据库，然后打开其他数据库所在的文件夹，再双击要打开的数据库文件。

3.2.2　关闭数据库

关闭数据库有以下几种方法：

- 单击 Access 窗口右上角的关闭按钮⊠，将关闭当前数据库并退出 Access 程序。如果同时打开了多个数据库，使用该方法只能关闭当前 Access 窗口中的数据库。
- 单击"文件"按钮并选择"关闭"命令，将关闭当前数据库，但是不会退出 Access 程序。
- 打开另一个数据库时将自动关闭当前数据库。

3.2.3　为数据库创建副本

如果要为数据库创建副本，一种方法是在文件夹中对数据库文件执行复制和粘贴操作，然后为粘贴后的副本设置名称；另一种方法是在 Access 中使用"另存为"命令。在创建数据库的副本之前必须先关闭当前打开的所有数据库对象，否则将显示如图 3-6 所示的对话框，此时可以单击"是"按钮关闭所有对象。

完成上述操作后，可以单击"文件"按钮并选择"另存为"命令，进入如图 3-7 所示的界面，在"文件类型"列表中选择"数据库另存为"，然后在"数据库另存为"列表中双击一种文件格式，

图 3-6　在创建数据库副本之前必须关闭所有打开的对象

打开如图 3-8 所示的"另存为"对话框，设置数据库副本的名称和保存位置，最后单击"保存"按钮，即可为当前数据库创建一个副本。

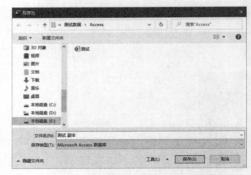

图 3-7　为数据库创建副本　　　　　　　　　　　图 3-8　"另存为"对话框

3.3　创建和管理表

表是 Access 中最重要的对象，在表中存储着其他对象所使用的基础数据，因此用户应该熟练掌握表的创建和一些常用操作，包括保存、重命名、打开、关闭、复制、隐藏和删除等。表的这些操作几乎同样适用于其他数据库对象。

3.3.1　创建新表

在数据库中创建表有以下两种方法：

- 在功能区的"创建"选项卡中单击"表"按钮，如图 3-9 所示。
- 在功能区的"创建"选项卡中单击"表设计"按钮。

图 3-9　使用"创建"选项卡中的按钮创建表

这两种方法的主要区别是创建表时进入的视图有所不同。单击"表"按钮将在数据表视图中打开新建的表，并自动添加一个名为 ID 的字段，该字段是一个由 Access 自动维护的自动编号字段，默认将其设置为表的主键，如图 3-10 所示。单击"表设计"按钮将在设计视图中打开新建的表，此时表中不包含任何字段，如图 3-11 所示。

图 3-10　单击"表"按钮创建的表　　　　　　　图 3-11　单击"表设计"按钮创建的表

22

　　无论使用哪种方法创建的表，都可以随时在数据表视图和设计视图之间切换，具体方法请参考 1.2.1 节。

3.3.2　保存表

　　在创建表后，将自动在 Access 窗口中打开这个表，当切换到表的其他视图时，将显示保存表的"另存为"对话框，如图 3-12 所示。在"表名称"文本框中输入表的名称，然后单击"确定"按钮，才能切换到其他视图。

　　除了上面介绍的保存表的方法外，保存表还有以下几种方法：

- 单击快速访问工具栏中的"保存"按钮。
- 单击"文件"按钮并选择"保存"命令。
- 右击表的选项卡标签，在弹出的菜单中选择"保存"命令，如图 3-13 所示。
- 按 Ctrl+S 快捷键。

图 3-12　"另存为"对话框　　　图 3-13　选择鼠标快捷菜单中的"保存"命令

　　无论使用哪种方法，都将打开"另存为"对话框，输入名称后单击"确定"按钮即可。

　　在输入表的名称时，除了主体名称外，可以在表名的开头添加一个前缀，用于区分数据库对象的类型及同类型对象的编号，这样可以通过用户指定的编号按特定的顺序排列同类对象。表的英文拼写是 Table，因此可以使用字母 T 和一个数字作为表名的前缀，例如 T001 商品信息、T002 订单信息、T003 客户信息。如果使用英文作为表的名称，则可以使用 3 个英文小写字母 tbl 和一个数字作为表名的前缀，例如 tbl001Products、tbl002Orders、tbl003Customers。另外，还可以在表名的主体和前缀之间使用下画线作为醒目的分隔，例如 T001_ 商品信息、tbl001_ Products。

　　注意：在数据库中创建查询、窗体和报表之前应该确定好各个表的名称。如果以后更改表的名称，则基于该表创建的所有查询、窗体和报表都会由于找不到对应名称的表而出现问题，这将导致不必要的麻烦。

3.3.3　重命名表

　　如果已经将表保存到数据库中，则可以使用"重命名"命令修改表的名称，有以下两种方法：

- 在导航窗格中右击要重命名的表，然后在弹出的菜单中选择"重命名"命令，输入新的名称并按 Enter 键，如图 3-14 所示。
- 在导航窗格中选择要重命名的表，然后按 F2 键，输入新的名称并按 Enter 键。

　　注意：如果对当前正在打开的表执行重命名操作，则将显示如图 3-15 所示的提示信息，只有在关闭该表后才能对其重命名。

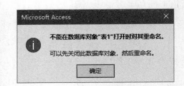

图 3-14　选择"重命名"命令　　　图 3-15　无法对打开的表进行重命名

3.3.4　打开和关闭表

在设计表的结构或在表中输入数据之前需要先打开这个表。在导航窗格中双击某个表，即可将其在数据表视图中打开。如果要在设计视图中打开表，则可以在导航窗格中右击该表，然后在弹出的菜单中选择"设计视图"命令。

当不再需要编辑某个表时应该将其关闭。在执行表的一些操作时也必须在关闭状态下才能完成，例如重命名表。关闭表和其他数据库对象有以下两种方法。

- 关闭一个表：右击要关闭表的选项卡标签，然后在弹出的菜单中选择"关闭"命令。
- 关闭所有表和其他数据库对象：右击任意一个选项卡标签，然后在弹出的菜单中选择"全部关闭"命令，如图 3-16 所示。

图 3-16　一次性关闭所有打开的表和其他数据库对象

3.3.5　复制表

当需要制作结构相同或数据相似的多个表时可以先制作好一个表，然后通过复制该表快速得到其他的表，并根据需要对复制后的表进行少量的修改。

在导航窗格中右击要复制的表，然后在弹出的菜单中选择"复制"命令，再在导航窗格中的空白处右击，在弹出的菜单中选择"粘贴"命令，打开"粘贴表方式"对话框，如图 3-17 所示，其中包含以下3 个选项，用于控制复制表的方式。

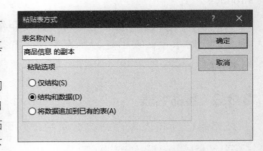

图 3-17　选择复制表的方式

- 仅结构：只复制表的结构，不复制表中的数据。表结构是指表中包含的字段、数据类型和字段的相关属性。表结构的更多内容将在第 4 章进行介绍。
- 结构和数据：同时复制表的结构和表中包含的数据。
- 将数据追加到已有的表：主要用于合并两个表中的数据，将复制的数据添加到另一个表中最后一行数据的下方。

使用前两种复制方式将得到一个新表，因此需要在"粘贴表方式"对话框的"表名称"文本框中预先设置表的名称，单击"确定"按钮即可完成复制操作。

3.3.6　隐藏表

对于一些暂时不使用但是又不想删除的表，可以先将其隐藏起来，这样以后需要时还可以重新显示出来。在导航窗格中右击要隐藏的表，然后在弹出的菜单中选择"在此组中隐藏"命令，如图 3-18 所示。

在导航窗格中默认不会显示处于隐藏状态的表和其他对象，如果要显示隐藏的对象，可以右击导航窗格中的空白处，然后在弹出的菜单中选择"导航选项"命令，打开"导航选项"对话框，选中"显示隐藏对象"复选框，如图 3-19 所示。经过此操作，将在导航窗格中显示隐藏的表，其名称显示为浅灰色，如图 3-20 所示的"订单信息"表即为隐藏的表。

图 3-18　选择"在此组中
隐藏"命令隐藏指定的对象

图 3-19　选中"显示隐藏对象"复选框

图 3-20　隐藏的表显示
为浅灰色

在显示隐藏表的情况下右击该表，然后在弹出的菜单中选择"取消在此组中隐藏"命令，即可取消该表的隐藏状态，使其真正显示出来。

3.3.7　删除表

与重命名表类似，在删除表之前必须先关闭该表，然后才能执行删除操作。删除表有以下两种方法：

- 在导航窗格中右击要删除的表，然后在弹出的菜单中选择"删除"命令。
- 在导航窗格中选择要删除的表，然后按 Delete 键。

无论使用哪种方法，都将打开如图 3-21 所示的对话框，单击"确定"按钮即可完成删除操作。

图 3-21　删除表时的提示信息

注意：一旦执行删除操作，将无法撤销该操作，这意味着无法恢复已删除的对象。

第4章
设计表结构

在依据数据库规范化设计的基本原则将字段划分到不同的表中之后，接下来就可以在表中创建这些字段并进行一系列相关设置了，这些工作都是在对表的结构进行设计。只有先设计好表的结构才能将数据添加到表中，这样可以避免由于表结构的不合理而导致做很多无用功，降低效率。本章将介绍设计表结构的方法，包括添加和编辑字段、设置字段的数据类型、设置字段属性、设置数据的显示方式、设置数据的验证规则和输入掩码、创建主键和索引等内容。

4.1　添加和编辑字段

在表中添加字段是设计表结构的首要任务，只有有了字段才能对字段的属性进行设置。除此之外，对现有的字段可能需要进行一些修改和调整，例如修改字段的名称、调整字段的位置。本节将介绍在表中添加和编辑字段的方法，它们都可以在表的数据表视图和设计视图中完成。

4.1.1　添加字段

用户可以在表的数据表视图或设计视图中添加字段，两种方式的主要区别在于添加字段后是否需要对字段进行更多的设置。在数据表视图中添加字段后可以直接输入数据，但是无法对字段本身进行更多的设置；在设计视图中添加字段后可以对字段的属性进行设置，但是无法在该视图中输入数据。下面将介绍在两种视图中添加字段的方法。

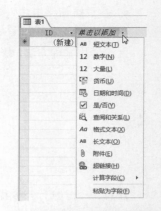

图 4-1　选择字段的数据类型

1．在数据表视图中添加字段

在数据表视图中添加字段的操作步骤如下：

（1）在新建的表中默认包含一个 ID 字段，单击该字段右侧的"单击以添加"，然后在弹出的菜单中为新字段选择一种数据类型，如图 4-1 所示。

提示：关于数据类型的更多内容将在 4.2 节进行介绍。

（2）选择一种数据类型后，将在 ID 字段的右侧添加一个新字段，并进入名称编辑状态，输入字段的名称并按 Enter 键，如图 4-2 所示。使用类似的方法可以继续添加字段。

（a）　　　　　　　　　　　　　　　（b）

图 4-2　添加字段并为其设置名称

2．在设计视图中添加字段

如果当前正处于数据表视图中，则需要先切换到设计视图，然后在其中添加字段，操作步骤如下：

（1）在"字段名称"列中单击要添加字段的单元格，然后输入字段的名称，例如"客户编号"，如图 4-3 所示。

图 4-3　在设计视图中添加字段

提示：在输入内容时，单元格中闪烁的竖线表示当前输入内容的位置。

（2）如果要添加多个字段，可以在输入好一个字段后按键盘上的下箭头键，激活当前单元格下方的单元格，然后输入字段的名称，如图 4-4 所示。使用鼠标单击的方式也可以激活特定的单元格。

图 4-4　添加更多的字段

提示：如果在设计视图中修改了表中的内容，则在切换到数据表视图时 Access 将显示是否保存表的提示信息，只有单击"是"按钮才能切换到数据表视图。

Access 对字段的名称有以下一些限制：

- 字段名不能以空格开头。
- 字段名可以包含汉字、英文字母、数字和一些特殊字符，但是不能包含句号（.）、感叹号（!）、中括号（[和]）和重音符号（`）等几个符号。
- 字段名不能包含 ASCII 值为 0 ~ 31 的字符。
- 字段名的字符个数最多不能超过 64 个。

4.1.2　重命名字段

用户可以在数据表视图或设计视图中修改现有字段的名称。在数据表视图中可以使用以下两种方法修改字段的名称：

- 双击要修改名称的字段标题，进入名称编辑状态，输入新名称并按 Enter 键。
- 右击要修改名称的字段标题，在弹出的菜单中选择"重命名字段"命令，然后输入新名称并按 Enter 键。

如果是在设计视图中修改字段名称，只需单击"字段名称"列中要修改名称的单元格，按 BackSpace 键或 Delete 键删除原有名称，然后输入新的名称。

4.1.3 移动字段

在表中添加字段后可以根据需要调整字段的位置，以不同的排列方式显示表中的数据。在数据表视图和设计视图中调整字段位置的方法如下。

- 数据表视图：将鼠标指针移动到字段标题上，当出现向下箭头时单击，将选中该字段所在的列，然后按住鼠标左键将字段拖动到目标位置，在拖动过程中显示的粗线表示当前移动到的位置，如图 4-5 所示。

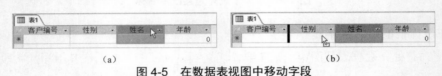

（a） （b）

图 4-5 在数据表视图中移动字段

- 设计视图：将鼠标指针移动到字段所在行最左侧的灰色区域上，当出现向右箭头时单击，将选中该字段所在的行，然后将鼠标指针再次移动到该灰色区域上，当出现箭头时将整行拖动到目标位置，在拖动过程中显示的水平黑线表示当前移动到的位置，如图 4-6 所示。

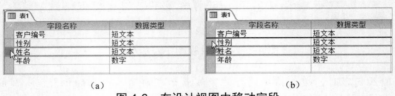

（a） （b）

图 4-6 在设计视图中移动字段

4.1.4 插入字段

有时可能需要在现有的两个字段之间添加一个新的字段。字段在数据表视图和设计视图中的排列方向不同，数据表视图中的字段横向排列在表的顶部，设计视图中的字段纵向排列在表的左侧。

1. 在数据表视图中插入字段

在数据表视图中插入字段的操作步骤如下：

（1）在数据表视图中打开要插入字段的表，右击要在其左侧插入新字段的字段，然后在弹出的菜单中选择"插入字段"命令，如图 4-7 所示。

（2）在第（1）步中右击的字段左侧添加一个新字段，如图 4-8 所示，然后可以为其设置一个合适的名称。

图 4-7 选择"插入字段"命令

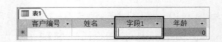

图 4-8 在数据表视图中插入字段

2．在设计视图中插入字段

在设计视图中插入字段的操作步骤如下：

（1）在设计视图中打开表，右击要在其上方插入字段的行中的任意一个单元格，然后在弹出的菜单中选择"插入行"命令，如图 4-9 所示。

（2）在第（1）步中右击的行的上方插入一个新行，在该行的"字段名称"列中输入字段的名称，如图 4-10 所示。

图 4-9　选择"插入行"命令

图 4-10　在设计视图中插入字段

提示：将鼠标指针移动到行中第一个字段左侧的灰色区域上，当鼠标指针变为向右箭头时右击，也会弹出相同的菜单。通常将字段左侧的灰色区域称为"行选择器"。

4.1.5　删除字段

用户应该将不再需要的字段从表中删除，以免带来混乱。删除字段有以下几种方法：

- 在数据表视图中右击要删除的字段标题，然后在弹出的菜单中选择"删除字段"命令。
- 在设计视图中右击要删除的字段所在行中的任意一个单元格，然后在弹出的菜单中选择"删除行"命令。

在数据表视图中删除字段后无法撤销删除操作，在关闭表时也不会显示是否保存表更改的提示信息。在设计视图中删除字段后可以使用 Ctrl+Y 快捷键撤销删除操作，恢复刚删除前的状态，并且在关闭表时也会询问用户是否保存对表的更改，如果单击"否"按钮，则不会保存删除字段的结果，这意味着下次打开表时该字段仍在表中。

4.2　设置和转换字段的数据类型

字段的数据类型是字段的一个重要属性，它指明了在字段中可以存储哪类数据。在创建字段时，如果没有明确指定字段的数据类型，Access 会将字段的数据类型自动设置为"短文本"。本节将介绍在 Access 中为字段提供的数据类型及其设置方法，还将介绍在转换字段的数据类型时需要注意的问题。

4.2.1　设置字段的数据类型

字段的数据类型决定在字段中可以存储什么类型的数据，例如文本、数字、日期等。数据类型还决定字段包含哪些其他的属性，而属性控制着字段的外观和行为，数据类型实际上也是字段的一个属性。具体来说，字段的数据类型决定字段的以下重要特性：

- 字段的格式。

- 字段中存储数据的大小。
- 在表达式中使用字段的方式。
- 是否可为字段设置索引。

表 4-1 列出了 Access 支持的数据类型，本章后续内容将会对其进行详细介绍。

表 4-1　Access 支持的数据类型

数据类型	显示目标
文本	"文本"数据类型用于存储文本、数字和符号，分为"短文本"和"长文本"两种类型
数字	"数字"数据类型用于存储数值，但是货币值存储在独立的"货币"数据类型中
日期 / 时间	"日期 / 时间"数据类型用于存储日期和时间，日期和时间的范围为 100 ～ 9999 年
货币	"货币"数据类型用于存储货币值
自动编号	"自动编号"数据类型用于存储由 Access 自动添加并维护的自然数序列
是 / 否	"是 / 否"数据类型用于存储只有两个值的数据，包括是 / 否、真 / 假、开 / 关
OLE 对象	"OLE 对象"数据类型以链接或嵌入的形式存储由其他程序创建的文件
超链接	"超链接"数据类型将字段值存储为超链接格式，单击时可在浏览器中打开超链接地址
附件	类似于"OLE 对象"数据类型，可将指定的文件附加到数据库中，并可打开和查看文件
计算	"计算"数据类型用于存储计算结果，可以使用表达式生成器创建用于计算的表达式
查阅向导	"查阅向导"数据类型用于显示一系列由用户指定的值或者从其他表或查询中检索的值，为用户提供一个选项列表，将输入的数据限制在一个指定的范围内，避免输入无效数据

注意：.mdb 文件格式的数据库不支持"附件"和"计算"两种数据类型。

与 4.1 节介绍的字段的基本操作类似，设置字段的数据类型也可以在数据表视图或设计视图中完成。

1．在数据表视图中设置字段的数据类型

在数据表视图中设置字段的数据类型的操作步骤如下：

（1）在数据表视图中打开表，然后单击要设置数据类型的字段所在列中的任意一个单元格。

（2）在功能区的"表格工具 | 字段"选项卡的"数据类型"下拉列表中选择所需的数据类型，如图 4-11 所示。

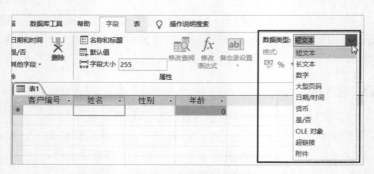

图 4-11　在数据表视图中设置字段的数据类型

2. 在设计视图中设置字段的数据类型

在设计视图中设置字段数据类型的操作步骤如下：

（1）在设计视图中打开表，然后单击"数据类型"列中要设置数据类型的字段对应的单元格。

（2）单击单元格右侧的下拉按钮，在打开的下拉列表中选择所需的数据类型，如图 4-12 所示。

图 4-12　在设计视图中设置字段的数据类型

4.2.2　文本

"文本"数据类型分为"短文本"和"长文本"两种，"短文本"数据类型可以存储最多不超过 255 个字符的内容，"长文本"数据类型可以存储超过 255 个字符的内容。

用户可以指定文本字段的大小，该属性决定在文本字段中可以存储的最大字符数，Access 会根据用户在该字段中实际输入的内容的长度来决定内容占用的存储空间大小：

- 如果输入内容的字符数小于文本字段的大小，则将按照内容的实际字符数进行存储。例如，如果将文本字段的字符数指定为 16 个字符，而实际输入的内容的字符数只有 10 个，则按照 10 来存储，这样可以避免浪费额外的存储空间，而且又能为可能包含较多字符数的项目预留足够的存储空间。
- 如果输入内容的字符数大于文本字段的大小，则自动将超出字符数上限的部分删除。

设置文本的格式可以用不同方式显示文本，文本格式的设置方法将在 4.4.2 节进行介绍。

4.2.3　数字

"数字"数据类型存储除货币值之外的其他数值，这些数值可以参与计算。"数字"数据类型包含多种子类型，这些子类型控制在"数字"数据类型中存储数值的方式，如图 4-13 所示。

表 4-2 列出了"数字"数据类型包含的子类型及其特性。

图 4-13　"数字"数据类型

表 4-2　"数字"数据类型包含的子类型及其特性

子 类 型	数值范围	小数位数	占用的存储空间
字节	0 ～ 255 的整数	无	1 个字节
整型	−32 768 ～ 32 767 的整数	无	2 个字节
长整型	−2 147 483 648 ～ 2 147 483 647 的整数	无	4 个字节
单精度型	-3.4×10^{38} ～ 3.4×10^{38} 的整数和小数	7 位	4 个字节
双精度型	-1.797×10^{308} ～ 1.797×10^{308} 的整数和小数	15 位	8 个字节
小数	$-9.999\cdots\times10^{27}$ ～ $9.999\cdots\times10^{27}$ 的整数和小数	15 位	12 个字节

注意：如果要将字段与另一个表中的自动编号字段建立关联，则需要将该字段设置为长整型。

在指定"数字"数据类型的子类型时，应该确保所选择的子类型能够容纳实际可能使用到的最大值，否则会出现溢出问题而导致数据库崩溃。

设置数字的格式可以用不同方式显示数值，数字格式的设置方法将在 4.4.3 节进行介绍。

4.2.4　日期 / 时间

"日期 / 时间"数据类型存储日期和时间，可以选择不同的日期和时间格式，如图 4-14 所示。
日期和时间可以参与计算，例如计算两个日期之间相隔的天数。设置日期和时间的格式可以用不同方式显示日期和时间，日期和时间格式的设置方法将在 4.4.4 节进行介绍。

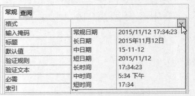

图 4-14　"日期 / 时间"数据类型

4.2.5　货币

"货币"数据类型存储货币值，可以选择不同的货币格式，如图 4-15 所示。"货币"类型的数据在小数点左侧可以精确到 15 位，在小数点右侧可以精确到 4 位，计算时不会自动进行舍入。

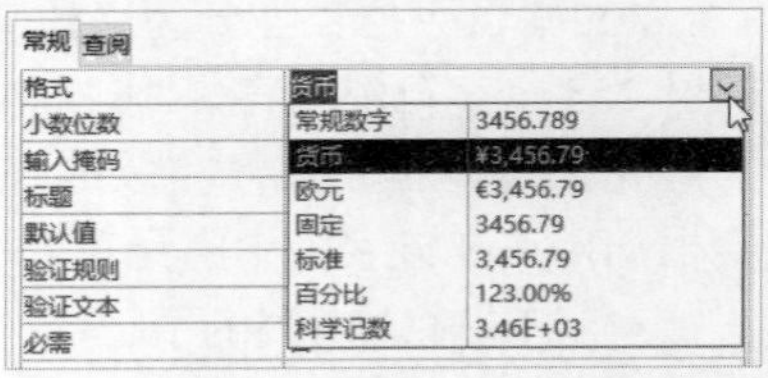

4.2.6　自动编号

"自动编号"数据类型存储从 1 开始的自然数序列，其值由 Access 自动维护，用户无法对其进行修改。一旦在表中创建了"自动编号"数据类型的字段，每次添加新记录时编号值都会自动递增，即使删除现有记录，以后添加的新记录中的编号仍然持续递增，不受已删除记录的影响。

图 4-15　"货币"数据类型

在每个表中只能有一个"自动编号"数据类型的字段，如果存在多个该类型的字段，在保存表时将显示如图 4-16 所示的提示信息。Access 会自动将"自动编号"数据类型的字段设置为表的主键，这是因为"自动编号"字段中包含的都是不重复的自然数，可以唯一确定表中的每一条记录。

4.2.7　是 / 否

"是 / 否"数据类型存储只有两种值的组合，如图 4-17 所示，包括以下 3 种。

- 真 / 假："真 / 假"的值显示为 True 或 False。
- 是 / 否："是 / 否"的值显示为 Yes 或 No。
- 开 / 关："开 / 关"的值显示为 On 或 Off。

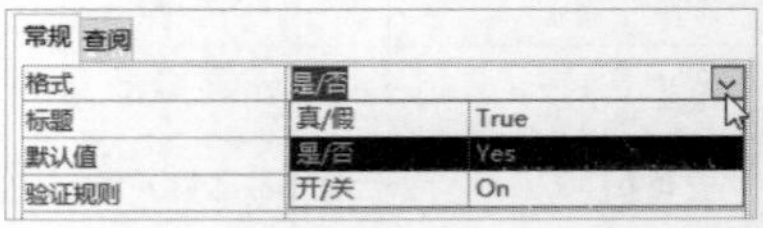

图 4-16　表中包含多个"自动编号"
字段时显示的提示信息

4.2.8　OLE 对象

"OLE 对象"数据类型以链接或嵌入的形式在表中存储由其他程序创建的文件，这些文件可以是现有文件或新建的空白文件。

图 4-17　"是 / 否"数据类型

"链接"是指 Access 表的"OLE 对象"字段中的值只存储源文件的位置信息，而不包括源文件中的内容，只有对源文件进行修改，Access 表中的字段值才会进行相应的更新。"嵌入"是指在 Access 表中插入其他程序文件，这些文件已经成为表的一部分，而不再与源文件有任何关联，"嵌入"形式会增加 Access 数据库文件的大小。

为"OLE 对象"数据类型的字段设置值的操作步骤如下：

（1）在数据表视图中右击"OLE 对象"字段中的单元格，然后在弹出的菜单中选择"插入对象"命令，如图 4-18 所示。

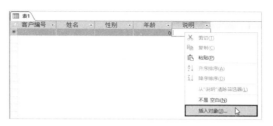

（2）打开 Microsoft Access 对话框，选中"新建"单选按钮将显示如图 4-19 所示的界面，从列表中选择要新建文件的源程序；选中"由文件创建"单选按钮将显示如图 4-20 所示的界面，

图 4-18　选择"插入对象"命令

单击"浏览"按钮选择要添加到表中的文件，选中"链接"复选框则以链接的形式将文件插入 Access 表中，否则以嵌入的形式插入文件。

图 4-19　插入新建的空白文件

图 4-20　插入现有文件

（3）单击"确定"按钮，根据在第（2）步中的选择将新建的空白文件或现有文件插入当前的 Access 表中。

在表中插入 OLE 对象后，双击该对象，即可在其源程序中打开它，如图 4-21 所示的"程序包"就是插入了 OLE 对象的字段。

图 4-21　在表中插入 OLE 对象

4.2.9　超链接

"超链接"数据类型以超链接格式存储字段值，在该数据类型的字段中输入网址，单击该网址将自动在浏览器中打开相应的网页，如图 4-22 所示。

图 4-22　单击"超链接"字段中的网址将打开相应的网页

4.2.10　附件

与"OLE 对象"数据类型类似，在"附件"数据类型中也可以存储由其他程序创建的文件。与"OLE 对象"数据类型的区别在于，"附件"数据类型可以存储多个文件，并支持更多的文件类型。

为"附件"数据类型的字段设置值的操作步骤如下：

（1）在数据表视图中右击"附件"字段中的单元格，然后在弹出的菜单中选择"管理附件"命令，或者直接双击"附件"数据类型的单元格，如图 4-23 所示。

（2）打开"附件"对话框，单击"添加"按钮，如图 4-24 所示。

图 4-23　选择"管理附件"命令

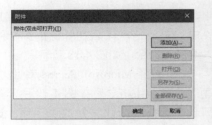

图 4-24　单击"添加"按钮

（3）打开"选择文件"对话框，双击要作为附件插入的文件，如图 4-25 所示。

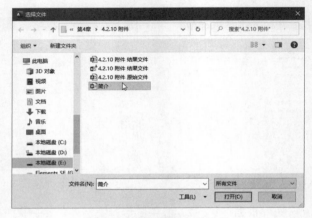

图 4-25　选择要插入的文件

（4）将文件添加到"附件"对话框中，如图 4-26 所示。使用相同的方法可以继续添加所需的文件，完成后单击"确定"按钮。

（5）添加附件后的效果如图 4-27 所示，曲别针符号右侧括号中的数字表示当前添加的附件的数量。

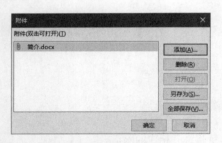

图 4-26　将文件添加到"附件"对话框中

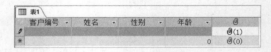

图 4-27　添加后的附件数据

用户可以在"附件"对话框中管理表中的附件，包括对附件执行打开、另存和删除等操作。打开附件时，将在其源程序中打开。

4.2.11　计算

"计算"数据类型存储计算结果，可以使用表达式生成器创建用于计算的表达式。在设计视图中将字段的数据类型设置为"计算"时将立即打开"表达式生成器"对话框，在上方的文本框输入表达式的各个部分，在下方的 3 个列表框中选择要在表达式中使用的计算项和运算符。

在图 4-28 中有一个创建好的表达式，该表达式计算"单价"字段与"销量"字段的乘积。单击"确定"按钮将创建"计算"字段，并得到计算结果，如图 4-29 所示。注意，不能直接修改"计算"字段中的值，而只能通过改变在表达式中出现的其他字段的值来得到新的计算结果。

图 4-28 "表达式生成器"对话框

图 4-29 "计算"字段可以自动对现有字段的值进行计算

4.2.12 查阅向导

"查阅向导"数据类型可以在一个下拉列表中显示一系列由用户指定的值，或者从其他表或查询中检索的值。在下拉列表中选择某一项，即可将该项数据输入表中，这样就可以限制输入数据的范围，防止用户输入无效的数据。

为"查阅向导"数据类型的字段设置值的操作步骤如下：

（1）在设计视图中将字段的数据类型设置为"查阅向导"时将立即打开"查阅向导"对话框，如图 4-30 所示。选择为查阅列表添加值的方式，此处选中"自行键入所需的值"单选按钮，然后单击"下一步"按钮。

（2）进入如图 4-31 所示的界面，指定添加到查阅列表中的值。创建的查阅列表默认只有一列，用户可以通过"列数"选项改变查阅列表的列数，输入好所需的值后单击"下一步"按钮。

（3）进入如图 4-32 所示的界面，对查阅列表进行更多控制方面的设置。例如，可以选中"限于列表"复选框，以便限制用户只能从查阅列表中选择一个值，而不能手动输入列表以外的值。在"请为查阅字段指定标签"文本框中设置的是该字段的名称。

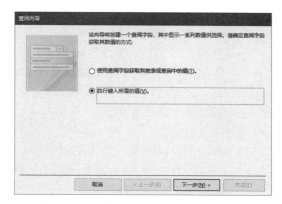

图 4-30 选择为查阅列表添加值的方式

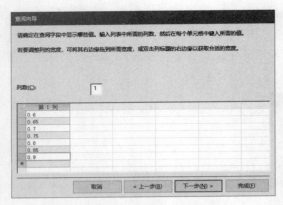

图 4-31 指定查阅列表中的值

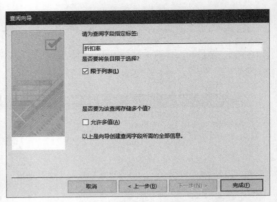

图 4-32 设置查阅列表的更多选项

（4）完成所需的设置后单击"完成"按钮，则完成"查阅向导"字段的设置。保存表的设计结果，然后切换到数据表视图，在"查阅向导"字段的任意一个单元格中都可以访问设置好的查阅列表，如图 4-33 所示，从中选择一项即可将其输入单元格中。

图 4-33 从查阅列表中选择预先设置好的值

4.2.13 转换数据类型

Access 提供了数量众多的数据类型，在这些数据类型之间进行转换时可能会出现一些意想不到的问题。下面列出了常用的数据类型之间的转换方式和注意事项：

- 所有数据类型都不能转换为"自动编号"数据类型。
- "短文本"数据子类型可以正确转换为"长文本"数据子类型，但是"长文本"数据子类型能否正确转换为"短文本"数据子类型要看"长文本"数据子类型中的字符数是否超过"短文本"数据子类型的字符上限，如果未超过，则可以正确转换，否则会删除超出的部分。
- "数字"数据类型可以正确转换为"文本"数据类型，但是在将"文本"数据类型转换为"数字"数据类型时，如果"文本"数据类型中包含非数字的内容，转换将会失败并自动删除整个内容。"文本"数据类型转换为"日期／时间""货币"和"是／否"等数据类型时也具有类似的情况。
- 在将"数字"数据类型转换为"货币"数据类型时，由于"货币"数据类型使用固定的小数位，所以将删除超出部分的小数位，导致精度上的损失。在将"货币"数据类型转换为"数字"数据类型时，如果"货币"数据类型包含小数位，而"数字"数据类型使用的是"字节""整型"或"长整型"等子类型，则将删除"货币"数据类型的小数部分。
- 在将"自动编号"数据类型转换为"数字"数据类型时，如果"数字"数据类型使用的是"整型"子类型，则大于 32 767 的自动编号超出了"整型"子类型的数字范围的上限，因此超出的部分将被删除。在将"自动编号"数据类型转换为"文本"数据类型时也具有类似的情况。

4.3　设置字段属性和表属性

Access 为字段提供了多种数据类型，每一种数据类型的字段都包含大量的属性，使用这些属性可以控制字段的外观和行为。不同数据类型的字段具有很多相同的属性，而某些属性只存在于特定的数据类型中。

在数据表视图和设计视图中都提供了设置字段属性的选项，数据表视图中的字段属性选项位于功能区中，设计视图中的字段属性选项位于"属性"窗格的"常规"选项卡中。由于设计视图提供了完整的字段属性选项，所以通常在该视图中设置字段的属性。

在设计视图中打开要设置字段属性的表，然后在上半部分选择要设置属性的字段，在下半部分的"常规"选项卡中将显示该字段具有的属性，左列是属性的名称，右列是属性的当前值，根据需要对所需的属性进行设置，如图 4-34 所示。

图 4-34　在设计视图中设置字段的属性

本章前面介绍的字段名称和数据类型是字段的两个基本且重要的属性，这两个属性位于设计视图的上半部分，与其他属性完全分开，这也体现出它们的重要性。在添加新的字段时必须设置字段的名称和数据类型，Access 会为其他很多属性提供默认值。属性的"默认值"是指即使不设置属性的值，Access 也会自动为其提供一个值，这样可以减轻用户的操作负担，也可以避免由于遗漏了某些设置而导致错误。

表 4-3 列出了所有数据类型的字段具有的大多数属性，某些数据类型的字段可能只包含其中的部分属性。

表 4-3　字段的属性及其说明

属　　性	说　　明
字段大小	对于"文本"数据类型的字段来说，该属性决定字段中可以包含的最大字符数；对于"数字"数据类型的字段来说，该属性决定字段中数字的数值范围
新值	只对"自动编号"数据类型的字段有效，决定编号方式是依次递增还是随机编号
格式	指定字段中数据的显示方式
小数位数	指定"数字"和"货币"两种数据类型的小数位数
输入掩码	指定数据的输入格式，使输入的数据具有统一的格式

属　　　性	说　　　明
标题	如果设置了该属性，则将使用该属性的值代替"字段名称"属性的值
默认值	在添加新记录时，如果用户不为该字段输入值，则由 Access 自动指定值。例如"数字"数据类型的字段的值被自动设置为 0
验证规则	通过设置条件来限制可输入的数据范围，例如在"性别"字段中只能输入"男"或"女"
验证文本	当输入违反验证规则的数据时显示的提示信息
必需	指定用户是否必须为字段输入一个值
允许空字符串	指定在"文本"数据类型的字段中是否允许存在零长度的字符串
索引	指定是否为字段设置索引以及使用的索引方式
文本对齐	指定控件内文本的对齐方式
Unicode 压缩	当存储的字符数少于 4 096 个时是否对存储在字段中的文本进行压缩
输入法模式	当激活字段时是否自动切换到输入法模式
输入法语句模式	当激活字段时是否自动切换到输入法语句模式

　　Access 还提供了设置整个表的属性的选项，以便控制表的外观和行为。设置表的属性需要进入设计视图，然后在功能区的"表格工具 | 设计"选项卡中单击"属性表"按钮，如图 4-35 所示，打开"属性表"窗格，与设置字段属性的方法类似，单击属性右侧的文本框，然后选择或输入属性值即可，如图 4-36 所示。

图 4-35　单击"属性表"按钮

图 4-36　"属性表"窗格

4.4　设置数据的显示方式

　　Access 为不同的数据类型提供了大量的内置格式，这些格式控制着在字段中输入数据时数据的显示方式。如果对数据的显示方式有特殊要求，则可以使用格式代码自定义设置数据的显示方式。注意，无论是内置格式还是自定义格式，都只改变数据的显示外观，不会影响数据的内容本身。

4.4.1　设置 Access 内置格式

如果要为字段设置 Access 内置格式，可以在设计视图中单击要设置的字段，然后在"常规"选项卡中单击"格式"属性右侧的文本框，激活其中的下拉按钮，单击该按钮，在打开的下拉列表中选择一种内置格式。如图 4-37 所示为"数字"数据类型的字段包含的内置格式。"日期 / 时间"和"是 / 否"两种数据类型也包含内置格式。

4.4.2　自定义文本格式

如果 Access 内置格式无法满足特定的数据显示需求，则可以输入自定义格式代码。表 4-4 列出了通用于不同数据类型的格式代码。

图 4-37　选择内置的数字格式

表 4-4　通用于不同数据类型的格式代码

符　　号	说　　明
（空格）	将空格显示为文本字符
"文本"	将双引号中的内容显示为实际的文本
!	将内容设置为左对齐
*	使用下一个字符填充可用空间
\	将下一个字符显示为实际的文本
[颜色]	使用方括号中指定的颜色显示数据，可用颜色为黑色、蓝色、绿色、蓝绿色、红色、洋红色、黄色、白色

除了表 4-4 中列出的通用格式代码外，不同的数据类型还拥有一套特定的格式代码，这些代码只适用于特定的数据类型。表 4-5 列出了适用于"文本"数据类型的格式代码。

表 4-5　适用于"文本"数据类型的格式代码

符　　号	说　　明
@	需要输入字符或空格
&	并非必须要输入字符
<	强制将所有字符显示为英文小写形式
>	强制将所有字符显示为英文大写形式

"文本"数据类型的格式代码包括以下两个部分，它们之间使用分号分隔。

● 第一部分：设置有实际内容的文本的格式。

● 第二部分：设置零长度字符串和空值的格式。

当单元格中包含文本时，将显示由第一部分设置的格式，否则显示由第二部分设置的格式。

如图 4-38 所示，如果在表中输入了商品的名称，则显示该名称，否则显示"待输入"。实现此功能的操作步骤如下：

（1）在设计视图中打开要设置的表，单击"名称"字段所在行中的任意一个单元格。在下方的"常规"选项卡中单击"格式"属性右侧的文本框，然后输入下面的格式代码，如图 4-39 所示。

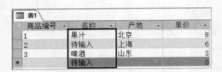

图 4-38　自定义商品名称的显示方式　　　　图 4-39　输入格式代码

```
@;"待输入"
```

（2）保存对表设计的修改，然后切换到数据表视图，当在"名称"字段中输入数据时将按照输入的内容原样显示，若未输入数据则显示"待输入"。

提示：在表中输入数据的方法将在第 6 章进行介绍。

4.4.3　自定义数字格式

"数字"数据类型的格式代码包括以下几个部分，它们之间使用分号分隔。

- 第一部分：设置正数的格式。
- 第二部分：设置负数的格式。
- 第三部分：设置零值的格式。
- 第四部分：设置空值的格式。

表 4-6 列出了适用于"数字"和"货币"两种数据类型的格式代码。

表 4-6　适用于"数字"和"货币"两种数据类型的格式代码

符　　号	说　　明
.	指定小数点出现的位置
,	千位分隔符
0	0 和数字的占位符
#	空白和数字的占位符
$	显示美元符号
%	将值乘以 100 并添加一个百分比符号
E- 或 e-	使用科学记数法显示数字，使用减号表示负的指数，没有减号则表示正的指数
E+ 或 e+	同上，但是使用加号表示正的指数

如图 4-40 所示，当金额为正数时，显示为蓝色并添加千位分隔符；当金额为负数时，显示两端带有括号的红色并添加千位分隔符；当金额为 0 时显示 0；当单元格为空时什么也不显示。

（a）　　　　　　　　　　　　　　　　　（b）

图 4-40　自定义数字格式前、后的效果

实现此功能的操作步骤如下：

（1）在设计视图中打开所需设置的表，单击"金额"字段所在行中的任意一个单元格。在下方的"常规"选项卡中单击"格式"属性右侧的文本框，然后输入下面的自定义格式代码，如图 4-41 所示。

图 4-41　输入格式代码

```
#,##0.00[蓝色];(#,##0.00)[红色];0
```

（2）保存对表设计的修改，然后切换到数据表视图，在"金额"字段中输入一些数字即可看到效果。

4.4.4　自定义日期和时间格式

表 4-7 列出了适用于"日期 / 时间"数据类型的格式代码。日期和时间格式受 Windows 操作系统中区域设置的影响。

表 4-7　适用于"日期 / 时间"数据类型的格式代码

符　　号	说　　明
:（冒号）	时间分隔符可在 Windows 区域设置中进行设置
/	日期分隔符
c	与常规的日期预定义格式相同
d	使用一位或两位数字表示一个月中的第几天（1 ～ 31）
dd	使用两位数字表示一个月中的第几天（01 ～ 31）
ddd	星期的前 3 个字母（Sun ～ Sat）
dddd	星期的全称（Sunday ～ Saturday）
ddddd	与短日期预定义格式相同
dddddd	与长日期预定义格式相同
w	一周中的第几天（1 ～ 7）
ww	一年中的第几周（1 ～ 53）
m	使用一位或两位数字表示一年中的第几月（1 ～ 12）
mm	使用两位数字表示一年中的第几月（01 ～ 12）
mmm	使用月份的前 3 个字母（Jan ～ Dec）
mmmm	使用月份的全称（January ～ December）
q	显示为一年中的第几个季度（1 ～ 4）
y	显示为一年中的第几天（1 ～ 366）
yy	使用年份的最后两位数字（01 ～ 99）
yyyy	显示完整的年份（0100 ～ 9999）
h	使用一位或两位数字表示小时（0 ～ 23）

续表

符 号	说 明
hh	使用两位数字表示小时（00 ～ 23）
n	使用一位或两位数字表示分钟（0 ～ 59）
nn	使用两位数字表示分钟（00 ～ 59）
s	使用一位或两位数字表示秒（0 ～ 59）
ss	使用两位数字表示秒（00 ～ 59）
ttttt	与长时间预定义格式相同
AM/PM	使用相应的大写字母 "AM" 或 "PM" 的十二小时制
am/pm	使用相应的小写字母 "am" 或 "pm" 的十二小时制
A/P	使用相应的大写字母 "A" 或 "P" 的十二小时制
a/p	使用相应的小写字母 "a" 或 "p" 的十二小时制
AMPM	使用 Windows 区域设置中定义的相应上午 / 下午指示符表示十二小时制

注意： 如果要在格式代码中添加逗号或其他分隔符，则需要将这些符号放在双引号中。

4.5 设置数据的验证规则

"验证规则"功能用于限制用户可以在表中输入哪些数据。当输入无效数据时显示提示信息，并要求用户更正数据，从而只将符合要求的数据输入表中。字段的"验证规则"和"验证文本"两个属性用于实现这项功能。自动编号、OLE 对象、附件、同步复制 ID 等数据类型的字段不支持验证规则。

4.5.1 设置验证规则的基本方法

验证规则是一个表达式，用于检查用户输入的数据是否符合表达式中指定的条件。如果符合条件，则表达式返回 True，此时可以将用户输入的内容添加到表中；如果不符合条件，则表达式返回 False，此时会禁止用户将数据输入表中，并要求用户更正错误的数据。通常，用作验证规则的表达式的复杂程度取决于验证规则的复杂程度，验证规则中的条件越严格，其表达式就越复杂。

设置验证规则有以下两种方法：

- 在数据表视图中单击要设置验证规则的字段所在列中的任意一个单元格，然后在功能区的"表格工具 | 字段"选项卡中单击"验证"按钮，在弹出的菜单中选择"字段验证规则"命令，如图 4-42 所示，在打开的"表达式生成器"对话框中输入验证规则表达式。该对话框与 4.2.11 节介绍"计算"数据类型时使用的"表达式生成器"对话框相同。

- 在设计视图中单击要设置验证规则的字段所在行中的任意一个单元格，然后在"常规"选项卡中单击"验

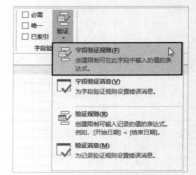

图 4-42　选择"字段验证规则"命令

证规则"属性右侧的文本框，并输入验证规则表达式。单击该文本框右侧的▦按钮，也将打开"表达式生成器"对话框。

提示：表达式的更多内容将在第 9 章进行介绍。

4.5.2　在性别中只允许输入"男"或"女"

在输入客户、员工、学生等人员的基本信息时，"性别"只能是"男"或"女"，为了避免输入无效内容，可以利用"验证规则"功能进行限制，操作步骤如下：

（1）在设计视图中打开要设置的表，单击"性别"字段所在行中的任意一个单元格，然后在"常规"选项卡中进行以下两项设置，如图 4-43 所示。

- 单击"验证规则"属性右侧的文本框，然后输入下面的表达式。
- 单击"验证文本"属性右侧的文本框，然后输入"只能输入男或女"。

```
"男"or"女"
```

（2）保存对表设计的修改，然后切换到数据表视图，当在"性别"字段中输入的不是"男"或"女"时将显示如图 4-44 所示的提示信息，只有更正错误才能将数据输入单元格中。

图 4-43　设置"性别"字段的验证规则　　图 4-44　禁止输入不符合条件的内容并显示提示信息

4.5.3　只允许输入不超过当天日期的出生日期

在输入人员的出生日期时，为了防止输入还没到来的未来日期，可以利用"验证规则"功能对输入的日期进行限制，例如输入的日期不能超过当天的日期，其操作步骤如下：

（1）在设计视图中打开要设置的表，单击"出生日期"字段所在行中的任意一个单元格，然后在"常规"选项卡中单击"验证规则"属性右侧文本框中的▦按钮。

（2）打开"表达式生成器"对话框，在"表达式元素"列表框中选择"操作符"，然后在"表达式类别"列表框中选择"比较"，在"表达式值"列表框中双击"<="符号，将小于等于号添加到上方的文本框中，如图 4-45 所示。

（3）在"表达式元素"列表框中双击"函数"，并选择展开后的"内置函数"，然后在"表达式类别"列表框中选择"日期/时间"，在"表达式值"列表框中双击 Date 函数，将该函数添加到上方的文本框中，并位于小于等于号的右侧，如图 4-46 所示。

（4）单击"确定"按钮，关闭"表达式生成器"对话框。

（5）在"常规"选项卡中单击"验证文本"属性右侧的文本框，然后输入"出生日期不能晚于今天"，如图 4-47 所示。

（6）保存对表设计的修改，然后切换到数据表视图，在"出生日期"字段中输入一个位于今天之后的日期，按 Enter 键时将显示如图 4-48 所示的提示信息，只有将日期改为今天之前的日期才能将日期输入单元格中。

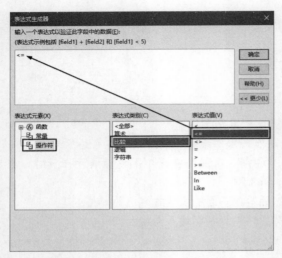

图 4-45 在表达式中添加比较运算符

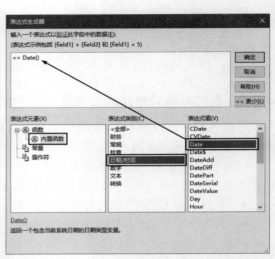

图 4-46 在表达式中添加内置函数

图 4-47 设置不符合条件时显示的提示信息

图 4-48 禁止输入不符合条件的日期

4.6 设置输入掩码

"输入掩码"是字段的一个属性，它是一串表示有效格式的字符串，用于限制用户在字段中输入数据的格式。例如，利用"输入掩码"功能可以确保用户输入格式正确的电话号码。"输入掩码"只影响 Access 是否接受用户在字段中输入的数据，不会改变数据的存储方式。"输入掩码"和"验证规则"两个功能都对用户的输入起到了限制的作用，前者限制的是数据的格式，后者限制的是数据的内容。

"输入掩码"由 3 个部分组成，第一个部分是必需的，其他两个部分是可选的，各个部分之间使用分号分隔。其 3 个部分的含义如下。

- 第一部分：包括掩码字符或字符串，以及字面数据（例如括号、句点和连字符）。
- 第二部分：指定嵌入式掩码字符在字段中的存储方式。如果将该部分设置为 0，则这些字符与数据存储在一起；如果将该部分设置为 1，则只显示而不存储这些字符，以节省数据库的存储空间。
- 第三部分：指定使用哪种字符作为输入掩码的占位符。通过占位符可以了解要输入内容的格式和位数。在输入实际内容后，占位符会自动消失。Access 默认使用下画线作为占位符，用户可以将其他字符指定为占位符。

表 4-8 列出了可在"输入掩码"中使用的字符。

表 4-8　可在 "输入掩码" 中使用的字符

字　　符	说　　明
0	强制用户输入一个 0～9 的数字
9	用户可以输入一个 0～9 的数字, 非强制
#	用户可以输入一个数字、空格、加号或减号。如果忽略, Access 会自动添加一个空格
L	强制用户输入一个字母
?	用户可以输入一个字母, 非强制
A	强制用户输入一个字母或数字
a	用户可以输入一个字母或数字, 非强制
&	强制用户输入一个字符或空格
C	用户可以输入一个字符或空格, 非强制
.	小数分隔符
,	千位分隔符
:	日期分隔符和时间分隔符
-	连接线分隔符
/	斜线分隔符
>	将该字符右侧的所有字符转换为英文大写字母
<	将该字符右侧的所有字符转换为英文小写字母
!	从左到右填充输入掩码
\	按原样显示该字符右侧的一个字符
" "	按原样显示双引号中的字符

假设电话号码由 3 位区号和 8 位号码组成, 为了确保用户可以按照该格式输入电话号码, 需要为存储电话号码的字段设置 "输入掩码", 操作步骤如下:

（1）在设计视图中打开要设置的表, 单击 "电话" 字段所在行中的任意一个单元格, 在 "常规" 选项卡中单击 "输入掩码" 属性右侧的文本框, 然后输入下面的代码, 如图 4-49 所示。

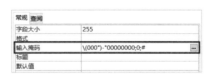

图 4-49　为 "电话" 字段设置输入
掩码

```
\(000")-"00000000;0;#
```

（2）保存对表设计的修改, 然后切换到数据表视图, 当单击 "电话" 字段中的任意一个单元格时, 将显示如图 4-50 所示的字符串, 其中的 # 就是在 "输入掩码" 的第三部分指定的字符。在输入真正数据时, 输入的数据会自动替换 # 符号, 而且只能按照 "输入掩码" 中指定的格式和位数输入数据。

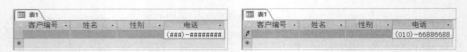

图 4-50 为电话号码设置"输入掩码"的效果

用户还可以使用输入掩码向导设置"输入掩码",操作步骤如下:

(1)在设计视图中单击要设置输入掩码的字段所在行中的任意一个单元格,在"常规"选项卡中单击"输入掩码"属性右侧的文本框,然后单击该文本框中的██按钮。

(2)打开如图 4-51 所示的"输入掩码向导"对话框,在列表框中选择要设置的掩码类型。由于内置的掩码类型中没有适用于电话号码的掩码,所以需要单击"编辑列表"按钮创建新的掩码。

(3)打开"自定义'输入掩码向导'"对话框,输入与掩码有关的一系列信息,如图 4-52 所示,完成后单击"关闭"按钮。

图 4-51 "输入掩码向导"对话框

图 4-52 设置掩码的相关选项

(4)返回"输入掩码向导"对话框,在列表框中选择第(3)步创建的电话号码掩码,然后单击"下一步"按钮,如图 4-53 所示。

(5)进入如图 4-54 所示的界面,此处可以对选中的掩码进行修改,完成后单击"下一步"按钮。

图 4-53 选择要使用的掩码

图 4-54 修改选择的掩码

（6）进入如图 4-55 所示的界面，选择是否将掩码中的符号与数据存储在一起，此处选中"像这样使用掩码中的符号"单选按钮，然后单击"完成"按钮。在此向导中创建并选择的掩码将被设置为"电话"字段的"输入掩码"属性值。

图 4-55　选择是否将掩码中的符号与数据存储在一起

注意： 输入掩码向导只适用于"文本"和"日期/时间"两种数据类型的字段。

4.7　创建主键

在 Access 中，主键不仅可以唯一确定表中的每一条记录，还是在两个表之间建立关系的纽带。没有主键，数据库中的各个表只是相对独立的个体；有了主键，各个相关表就变成了一个相互关联的整体，数据可以在这些表之间"流动"。本节将介绍主键和外键的基本概念，以及创建和编辑主键的方法。

4.7.1　理解主键和外键

可以将主键看作字段的一种特殊身份，这意味着表中的任意一个字段都可以是主键，但是并非每个字段都适合当主键。作为主键的字段中的每个值在表中不能出现重复，也正因为如此，可以通过主键中的每个唯一值来定位表中的每一条记录。

例如，在"订单信息"表中每个订单都有一个订单编号，所有订单的订单编号在表中都是唯一的，不会出现重复的订单编号。通过订单编号可以快速找到某个特定的订单，而不会同时找到多个订单，存储订单编号的字段就是"订单信息"表中的主键。

外键是相对于主键来说的。例如，在"客户信息表"中"客户编号"字段是该表的主键，而该字段在"订单信息"表中是一个外键，如图 4-56 所示。此处主键和外键是完全相同的两个字段，只不过它们以不同的身份出现在两个不同的表中。相对于主键所在的表来说，该字段在另一个表中就是外键。通过主键和外键可以为两个表中的数据建立关系。

（a）　　　　　　　　　　　　　　　　（b）

图 4-56　主键和外键

4.7.2 作为主键的字段所需具备的条件

每个表只能有一个主键，主键可以是一个字段，也可以由多个字段共同组成。无论主键包含一个字段还是多个字段，主键都应该满足以下几个条件：

● 主键必须可以唯一确定表中的每一条记录。

● 主键中的值不能出现重复。

● 主键中的值不能为空。

● 主键中的值不会发生改变。

表 4-9 列出了一些不适合作为主键的字段示例。

表 4-9 不适合作为主键的字段示例

不适合作为主键的字段	原 因
姓名	可能出现姓名相同的情况
电话号码	虽然不会重复，但可能会改变
电子邮件地址	同上，可能会改变
邮政编码	可能多人共用同一个邮政编码而发生重复

4.7.3 将单个字段设置为主键

可以将一个字段设置为主键，这也是设置主键最常使用的方式。为表设置主键后，在表中输入的数据将按照主键的顺序进行显示。如果是在输入好数据之后创建的主键，则表中的数据会根据主键中的值重新排列。

在数据表视图中创建表时，Access 会自动创建一个数据类型为"自动编号"的 ID 字段，并将其设置为主键。如果在设计视图中创建表，则不会自动创建主键。当用户第一次保存新建的表时，如果还没有为表设置主键，则将显示

图 4-57 Access 建议用户为表创建主键

如图 4-57 所示的提示信息，单击"是"按钮，将自动创建数据类型为"自动编号"的主键。

除了由 Access 自动创建主键外，用户也可以将现有的字段设置为主键，有以下两种方法：

● 在设计视图中右击要设置为主键的字段所在行中的任意一个单元格，然后在弹出的菜单中选择"主键"命令，如图 4-58 所示。

● 在设计视图中单击要设置为主键的字段所在行中的任意一个单元格，然后在功能区的"表格工具 | 设计"选项卡中单击"主键"按钮，如图 4-59 所示。

图 4-58 选择"主键"命令

图 4-59 单击"主键"按钮

在将字段设置为主键后，该字段的左侧将显示一个钥匙图标，如图 4-60 所示。

图 4-60　作为主键的字段的左侧将显示钥匙图标

4.7.4　将多个字段设置为主键

如果一个字段无法确定表中的一条记录，则可以同时将多个字段设置为主键，从而使多个字段组合在一起构成的每个值不会出现重复，将这种由多个字段组成的主键称为"复合主键"。设置复合主键的操作步骤如下：

（1）在设计视图中打开要设置的表，将鼠标指针移动到要设置为主键的第一个字段左侧的行选择器上（即灰色区域），当鼠标指针变为黑色的右箭头时按住鼠标左键并向下拖动，选中要作为主键的多个字段，如图 4-61 所示。

（2）在功能区的"表格工具|设计"选项卡中单击"主键"按钮，将选中的多个字段设置为主键，每个字段的左侧都会显示钥匙图标，如图 4-62 所示的"商品编号"和"名称"两个字段被设置为复合主键。

图 4-61　选择要作为主键的多个字段　　　　图 4-62　将多个字段设置为主键

提示：如果要设置为主键的多个字段的位置不相邻，则可以在选择一个字段后按住 Ctrl 键，然后选择其他字段。

4.7.5　更改和删除主键

在表中创建主键后可以更改现有的主键，将主键从一个字段更改为另一个字段。进入表的设计视图，右击要作为主键的字段，然后在弹出的菜单中选择"主键"命令，即可将该字段设置为主键，之前作为主键的字段的主键身份将被取消。

删除主键与设置主键的操作方法相同，在设计视图中右击已设置为主键的字段，然后在弹出的菜单中选择"主键"命令，即可取消该字段的主键身份，字段左侧的钥匙图标也将消失。

注意：在删除主键时不会删除相应的字段，但是会删除为主键创建的索引。在删除主键前应该确保在现有的表关系上没有使用该主键，否则在删除主键时 Access 将显示一个提示信息，要求用户先删除关系，再删除主键。表关系的更多内容将在第 5 章进行介绍。

4.8　创建索引

如果经常需要在 Access 中按照特定的字段查找或排序表中的记录，则可以通过为字段创建索引来提高操作速度。创建索引后，当在表中查找数据时，Access 会在索引中搜索数据的位置，从而提高查找效率。本节将介绍索引的基本概念，以及创建和编辑索引的方法。

4.8.1　为什么创建索引

虽然使用索引可以提高搜索和排序数据记录的效率，但是对于经常需要添加或更改数据的字段来说并不适合创建索引，这是因为每次添加或更改表中的记录时 Access 都会更新索引，以使其保持最新状态，这样反而会降低数据库的性能。

无法为"OLE 对象""计算"和"附加"数据类型的字段创建索引。对于其他数据类型的字段，如果同时满足以下几个条件，则可以考虑为其创建索引：

- 需要在字段中存储很多不同的值。
- 需要搜索字段中的值。
- 需要排序字段中的值。

4.8.2　由 Access 自动创建索引

Access 会自动为表中的主键创建索引，一种情况是在为表设置主键后 Access 会自动为主键创建索引；另一种情况是在输入字段名称时，如果以 ID、key、code 或 num 这些字符作为字段名称的开始或结束部分，Access 会自动为这些字段创建索引。

对于第二种情况，可以使用"Access 选项"对话框设置满足自动创建索引的字符的范围。单击"文件"按钮并选择"选项"命令，打开"Access 选项"对话框，在"对象设计器"选项卡的"在导入 / 创建时自动索引"文本框中输入由 Access 监控的用于自动创建索引的字符，然后单击"确定"按钮，如图 4-63 所示。

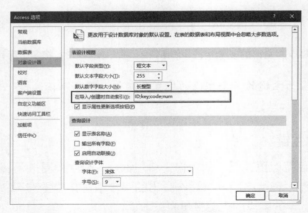

图 4-63　设置 Access 自动创建索引时监控的字符

4.8.3　为单个字段创建索引

由 Access 自动创建索引虽然方便，但是缺乏灵活性。用户可以手动为表中的任何一个字段创建索引，只需在设计视图的"常规"选项卡中为指定的字段设置"索引"属性，如图 4-64 所示。该属性包含"无""有（有重复）"和"有（无重复）"3 项，各项的含义如下。

- 无：不创建索引或删除现有索引。
- 有（有重复）：创建索引，字段中的值可以出现重复。

图 4-64　为字段创建索引

● 有（无重复）：创建索引，字段中的值不能出现重复。

4.8.4　创建包含多个字段的索引

如果需要同时按照两个或多个字段搜索和排序数据，则可以为这些字段创建索引，每个字段都是索引的一部分，在多字段索引中最多可以包含 10 个字段。在使用多字段索引排序数据时，Access 会先按照索引中的第一个字段进行排序，当第一个字段中的值出现重复时，再按照索引中的第二个字段进行排序，以此类推。根据 Access 的这种处理机制，在创建多字段索引时，应该根据字段的重要性来确定字段在索引中的排列顺序。

创建多字段索引需要在"索引"对话框中操作。在设计视图中打开要设置的表，然后在功能区的"表格工具 | 设计"选项卡中单击"索引"按钮，打开"索引"对话框，其中显示当前已经创建了索引的字段，如图 4-65 所示。

在"索引"对话框下方的"索引属性"区域中包含以下 3 个选项。

图 4-65　"索引"对话框

● 主索引：如果将该项设置为"是"，则将当前索引设置为表的主键。
● 唯一索引：如果将该项设置为"是"，则在索引中不能包含重复值。
● 忽略空值：如果将该项设置为"是"，则在索引中具有空值的记录将被排除在索引之外。

在"索引"对话框中创建多字段索引时需要注意以下两点：

● 将同一个索引中包含的所有字段排列在不同的行中，每个字段单独占据一行，字段在各行的排列顺序就是搜索和排序数据时的字段优先顺序。
● 只在第一行输入多字段索引的名称，同一个索引的其他行不再输入名称，Access 会将包含名称的第一行及其下方没有名称的连续多行视为同一个索引的组成部分。在遇到下一个包含名称的行时，Access 会将其看作一个新索引的开始。

下面通过一个示例介绍多字段索引的创建过程。在一个"商品信息"表中，要将"名称"和"品类"两个字段创建为多字段索引，"品类"字段的优先级高于"名称"字段，操作步骤如下：

（1）在设计视图中打开要设置的表，然后在功能区的"表格工具 | 设计"选项卡中单击"索引"按钮，如图 4-66 所示。

图 4-66　单击"索引"按钮

（2）打开"索引"对话框，在一个空行的"索引名称"列中输入索引的名称，如图 4-67 所示。

（3）单击同一行"字段名称"列中的单元格，激活其中的下拉按钮，单击该下拉按钮，在打开的下拉列表中选择索引中包含的第一个字段"品类"，如图 4-68 所示。然后在同一行的"排序次序"列中指定索引的排序方式，包括"升序"和"降序"两种。

（4）在下一个行的"索引名称"列中打开下拉列表，从中选择索引中包含的第二个字段"名称"，然后设置"排序次序"。由于创建的是多字段索引，所以需要确保在设置索引中的第二个字段时其"索引名称"列必须为空，如图 4-69 所示。

（5）如果要设置多字段索引的索引属性，则需要单击该索引的名称所在的"索引名称"列中的单元格才会显示"索引属性"中的选项，如图 4-70 所示。

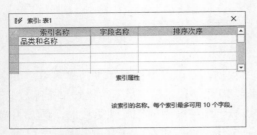

图 4-67　输入索引的名称

图 4-68　设置索引包含的第一个字段

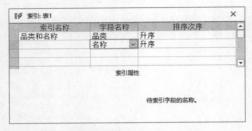

图 4-69　设置索引包含的第二个字段

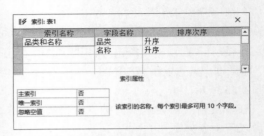

图 4-70　设置多字段索引的索引属性

（6）设置完成后，单击对话框右上角的关闭按钮 ✕，关闭"索引"对话框。

4.8.5　更改和删除索引

在创建多字段索引后，可以随时修改索引。在设计视图中打开要设置的表，然后在功能区的"表格工具 | 设计"选项卡中单击"索引"按钮，在打开的"索引"对话框中修改索引，还可以拖动索引左侧的行选择器来调整索引之间的排列顺序。

如果要在现有索引的上方添加索引，则可以右击现有的索引，在弹出的菜单中选择"插入行"命令，如图 4-71 所示。

图 4-71　选择"插入行"命令在现有索引的上方添加新行

在"索引"对话框中删除多字段索引有以下两种方法：

- 右击要删除的索引所在行中的任意一个单元格，在弹出的菜单中选择"删除行"命令。
- 单击要删除的索引名称左侧的行选择器，将选中索引所在的行，然后按 Delete 键。

第5章
创建表关系

根据第 1 章介绍的数据库设计原则，通常需要将一个包含复杂信息的表拆分后以多个小表的形式存储在数据库中。拆分后的这些表中的数据虽然是相关的，但是 Access 却认为它们各自独立，不存在任何关系。为了让这些表中的数据在 Access 中真正产生关联，需要为这些表创建关系。在创建表关系后，可以在查询、窗体和报表中跨越多个表使用并整合这些表中的数据。本章将介绍表关系的基本概念，以及创建和管理表关系的方法。

5.1 表关系的 3 种类型

表关系是指两个表之间存在的某种内在关联，不同类型的关系决定了两个表中数据的关联方式。Access 数据库中的表关系有 3 种类型，即一对一、一对多、多对多。

5.1.1 一对一

"一对一"关系是指第一个表中的每条记录在第二个表中只有一个匹配的记录，而第二个表中的每条记录在第一个表中也只有一个匹配的记录。

一对一关系在实际应用中并不常见，因为在大多数情况下，都应该将具有一对一关系的两个表中的数据合并到一个表中。然而，在某些特定需求下，需要为两个表创建一对一关系。例如，在一个包含客户的个人信息、账号和密码的表中，为了确保账号的安全，需要将账号和密码从表中分离出去，并将其存储到另一个表中，拆分后的两个表是一对一关系，如图 5-1 所示。

客户信息					账号密码		
客户编号	姓名	性别	年龄		客户编号	账号	密码
K001	孟阳舒	女	23		K001	A	000
K002	梁聘	男	35		K002	B	111
K003	钟任	男	22		K003	C	222
K004	廖胜	女	37		K004	D	333
K005	癸佳太	女	36		K005	E	444
K006	郭夷	男	30		K006	F	555
K007	刘栩潼	男	28		K007	G	666
K008	郗尊	女	37		K008	H	777
K009	周屿	女	27		K009	I	888
K010	张亚	男	39		K010	J	999

(a)   (b)

图 5-1 一对一关系

5.1.2 一对多

"一对多"关系是指第一个表中的每条记录在第二个表中有一条或多条匹配的记录，而第二个表中的每条记录在第一个表中只有一条匹配的记录。在一对多关系中，将第一个表称为"父表"，将第二个表称为"子表"，父表中每次只有一条记录与子表中的一条或多条记录匹配。

客户和订单属于一对多关系。每个客户可以提交一个或多个订单，而每个订单只属于一个客户。如图 5-2 所示，"客户信息"表中的"客户编号"字段可以唯一确定每一个客户，在"订单信息"表中也包含该字段，并且每个客户编号可能不止一次出现，这样就可以通过"客户编号"在"订单信息"表中找到某个客户提交了哪些订单。

客户信息			
客户编号	姓名	性别	年龄
K001	孟阳舒	女	23
K002	梁鹏	男	35
K003	钟任	男	22
K004	廖胜	女	37
K005	娄佳太	女	36
K006	郭奂	男	30
K007	刘翔潼	男	28
K008	郗尊	女	37
K009	周屿	女	27
K010	张亚	男	39

（a）

订单信息		
订单编号	订购日期	客户编号
D001	2021/3/5	K009
D002	2021/3/6	K006
D003	2021/3/3	K003
D004	2021/3/5	K003
D005	2021/3/5	K005
D006	2021/3/6	K006
D007	2021/3/2	K006
D008	2021/3/3	K001
D009	2021/3/1	K001
D010	2021/3/2	K006

（b）

图 5-2　一对多关系

例如，在"客户信息"表中编号为 K001 的客户，在"订单信息"表中该编号出现在订单编号为 D008 和 D009 的两个订单中，这意味着这两个订单是编号为 K001 的客户提交的。

5.1.3 多对多

"多对多"关系是指第一个表中的每条记录在第二个表中有一条或多条匹配的记录，而第二个表中的每条记录在第一个表中也有一条或多条匹配的记录。

订单和商品属于多对多关系。在一个订单中可以包含多种商品，而同一种商品可以出现在多个订单中。

为了正确表示两个表之间的多对多关系，需要创建第三个表，将该表称为"联接表"，通过联接表可以将多对多关系拆分为两个一对多关系。将多对多关系中的两个表的主键都放置到联接表中，然后为第一个表和第三个表，以及第二个表和第三个表创建一对多关系。

5.1.4 关系视图

关系视图是创建和修改表关系的操作界面，也可以在该界面中查看已经为表创建好的关系。如果已经为两个表创建了关系，则在关系视图中的两个表之间会显示一条连接线，连接线的两端分别指向两个表中的相关字段。

如图 5-3 所示，"客户信息"和"订单信息"两个表通过"客户编号"字段建立了关系，因此两个表之间的连接线的两段分别指向两个表中的"客户编号"字段。连接线的一端标有数字 1，另一端标有无穷符号，说明"客户信息"表和"订单信息"表是一对多关系。

在连接线上标有数字 1 的一端指向的表是一对多关系中的父表，该表中每次只有一条记录与另一个表中的一条或多条记录匹配。在连接线上标有 ∞（无穷符号）的一端指向的表是一对多关系中的子表，该表中每次有一条或多条记录与父表中的一条记录匹配。

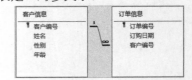

图 5-3　在关系视图中显示表之间的关系

表关系的连接线有粗细之分，加粗的连接线表示为两个表实施了参照完整性规则，该规则可以在更新和删除两个表中的记录时始终保持数据的同步，避免出现"孤儿记录"。"孤儿记录"是指在父表中找不到对应记录的子表中的记录。参照完整性规则的更多内容将在 5.2.1 节进行介绍。

如果要进入关系视图，可以在功能区的"数据库工具"选项卡中单击"关系"按钮，如图 5-4 所示，打开"关系"窗口，并激活功能区中的"关系工具 | 设计"选项卡，其中包含创建和管理表关系的命令，如图 5-5 所示。

图 5-4 单击"关系"按钮

图 5-5 用于创建和管理表关系的命令

各个命令的功能如下。

- 编辑关系：打开"编辑关系"对话框，修改建立关系的两个表之间的关联字段和表的联接类型，还可以对参照完整性进行设置。
- 清除布局：将"关系"窗口中的所有表和关系隐藏起来，但是并未删除它们。
- 关系报告：创建数据库中的表及其关系的报表，其中只包括在"关系"窗口中显示的表和关系，不包括隐藏的表和关系。
- 添加表：打开"显示表"对话框，选择要在"关系"窗口中显示的表和查询。
- 隐藏表：在"关系"窗口中隐藏选中的表。
- 直接关系：在"关系"窗口中显示选中的表具有的所有关系和相关表。
- 所有关系：在"关系"窗口中显示数据库中包含的所有表和关系，但是不显示已隐藏的表和关系。
- 关闭：关闭"关系"窗口。如果在"关系"窗口中更改了表和关系，则会显示是否保存更改的提示信息。

5.2 创建表关系并实施参照完整性

在了解了表关系的基本概念和类型之后，接下来就可以开始创建表关系了，创建表关系的实际操作并不复杂。在创建和管理表关系时需要先将涉及关系的所有表关闭，否则 Access 将禁止创建表关系。在创建表关系之前还应该了解一个重要的概念——参照完整性，它将影响用户对相关表中的字段和记录的操作。

5.2.1 理解参照完整性

在为两个或多个表创建关系时，虽然通过这些表中的主键和外键将其中的数据关联在一起，但是在修改和删除表中的记录时很容易出现各个表中的相关记录不同步的问题。例如，对于具有一对多关系的"客户信息"表和"订单信息"表，如果在"客户信息"表中删除了某个客户，但是没有在"订单信息"表中删除与该客户有关的所有订单记录，则这些订单记录就会变成"孤儿记录"。在修改表中的记录时也存在类似的问题。

Access 已经为这种潜在的隐患提供了一种有效的解决方案——参照完整性，其作用是为了防止表中出现"孤儿记录"，无论用户修改或删除表中的记录，参照完整性都能使两个建立关系的表中的相关记录始终保持同步和完整。在实施参照完整性后，Access 将禁止用户执行任何可能产生"孤儿记录"的操作。

然而，有时可能需要修改父表中的数据，并要用修改结果自动更新子表中的所有匹配记录，使父表和子表中的数据保持同步。为了实现此目的，可以在实施参照完整性时使用以下两个选项。

● 级联更新相关字段：如果在实施参照完整性的情况下启用该选项，则在修改父表中的某个字段中的值时，其修改结果会自动反映到所有相关的表中。

● 级联删除相关记录：如果在实施参照完整性的情况下启用该选项，则在父表中删除记录时，子表中的相关记录也会被删除。

5.2.2 创建表关系的基本流程

在创建表关系时需要先打开"关系"窗口，将涉及关系的两个或多个表添加到"关系"窗口中，然后为一个表中的主键与其在另一个表中的外键建立关联，最后设置参照完整性选项，并保存在"关系"窗口中所做的更改。这样以后打开"关系"窗口时将显示上次保存的表和关系。

提示：*即使在关闭"关系"窗口时不进行保存，创建的关系也会保存到数据库中，只不过在下次打开"关系"窗口时不会显示创建关系的表及其关系。*

5.1.4节曾经介绍过打开"关系"窗口的方法，只需在功能区的"数据库工具"选项卡中单击"关系"按钮。在打开"关系"窗口后，需要将要创建关系的表添加到该窗口中，有以下几种方法：

● 在功能区的"关系工具 | 设计"选项卡中单击"添加表"按钮，打开"显示表"对话框，从中选择要创建关系的表，然后单击"添加"按钮。

● 右击"关系"窗口中的空白处，在弹出的菜单中选择"显示表"命令，如图5-6所示，打开"显示表"对话框，从中选择要创建关系的表，然后单击"添加"按钮。

● 在Access导航窗格中使用鼠标将要创建关系的表拖动到"关系"窗口中。

在将表添加到"关系"窗口后，用户可以随意移动表的位置。下面通过实例介绍一对一、一对多、多对多关系的创建方法。

图5-6 选择"显示表"命令

5.2.3 为客户和账号密码创建一对一关系

客户信息及其账号密码信息是一对一的关系，两个表中的数据通过"客户编号"字段进行关联，在创建关系前必须将该字段设置为两个表的主键。为"客户信息"表和"账号密码信息"表创建一对一关系的操作步骤如下：

（1）在Access中打开包含"客户信息"表和"账号密码信息"表的数据库，但是不打开这两个表。

（2）在功能区的"数据库工具"选项卡中单击"关系"按钮，打开"关系"窗口。

（3）右击"关系"窗口中的空白处，在弹出的菜单中选择"显示表"命令。

（4）打开"显示表"对话框，在"表"选项卡中单击"客户信息"表和"账号密码信息"表中的任意一个表，然后按住Ctrl键，再单击另一个表，将同时选中这两个表，如图5-7所示。

（5）依次单击"添加"按钮和"关闭"按钮，将"客户信息"

图5-7 选择要创建关系的表

表和"账号密码信息"表添加到"关系"窗口中，并关闭"显示表"对话框，如图 5-8 所示。

（6）将"客户信息"表中的"客户编号"字段拖动到"账号密码信息"表中的"客户编号"字段上，如图 5-9 所示。

图 5-8　将选中的表添加到"关系"窗口

图 5-9　拖动字段建立关联

（7）打开"编辑关系"对话框，在"表 / 查询"和"相关表 / 查询"中自动设置好了两个表，在两个表下方的单元格中也自动设置好了联接的字段，由于两个表是一对一关系，所以两个字段分别是这两个表中的主键。为了实施参照完整性，需要选中"实施参照完整性"复选框，以及"级联更新相关字段"和"级联删除相关记录"复选框，如图 5-10 所示。

（8）单击"创建"按钮，为"客户信息"表和"账号密码信息"表创建一对一关系，Access 将在两个表之间添加一条连接线，如图 5-11 所示。最后保存"关系"窗口中显示的表和关系。

图 5-10　设置表关系并实施参照完整性

图 5-11　创建一对一关系

5.2.4　为客户和订单创建一对多关系

客户信息和订单信息是一对多的关系，两个表中的数据通过"客户编号"字段进行关联，在创建关系前必须将该字段设置为"客户信息"表的主键，而该字段在"订单信息"表中为外键。为"客户信息"表和"订单信息"表创建一对多关系的操作步骤如下：

（1）在 Access 中打开包含"客户信息"表和"订单信息"表的数据库，但是不打开这两个表。

（2）在功能区的"数据库工具"选项卡中单击"关系"按钮，打开"关系"窗口。

（3）右击"关系"窗口中的空白处，在弹出的菜单中选择"显示表"命令。

（4）打开"显示表"对话框，在"表"选项卡中单击"客户信息"表和"订单信息"表中的任意一个表，然后按住 Ctrl 键，再单击另一个表，将同时选中这两个表，如图 5-12 所示。

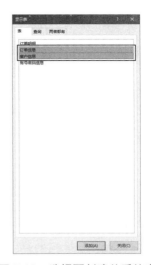

图 5-12　选择要创建关系的表

（5）依次单击"添加"按钮和"关闭"按钮，将"客户信息"表和"订单信息"表添加到"关系"窗口中，并关闭"显示表"对话框，如图 5-13 所示。

（6）将"客户信息"表中的"客户编号"字段拖动到"订单信息"表中的"客户编号"字段上，如图 5-14 所示。

图 5-13　将选中的表添加到"关系"窗口　　　　图 5-14　拖动字段建立关联

（7）打开"编辑关系"对话框，在"表 / 查询"和"相关表 / 查询"中自动设置好了两个表，在两个表下方的单元格中也自动设置好了联接的字段，由于两个表是一对多关系，所以两个字段分别是两个表中的主键和外键。为了实施参照完整性，需要选中"实施参照完整性""级联更新相关字段"和"级联删除相关记录"3 个复选框，如图 5-15 所示。

（8）单击"创建"按钮，为"客户信息"表和"订单信息"表创建一对多关系，Access 将在两个表之间添加一条连接线，如图 5-16 所示。最后保存"关系"窗口中显示的表和关系。

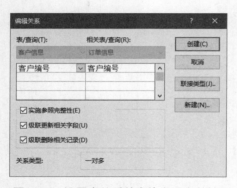

图 5-15　设置表关系并实施参照完整性

图 5-16　创建一对多关系

5.2.5　为订单和商品创建多对多关系

订单信息和商品信息是多对多的关系，在为两个表创建关系时需要为它们创建主键，然后添加一个联接表，本例为"订单明细"表，以便将多对多关系拆分为两个一对多关系。在联接表中需要同时包含"订单信息"表和"商品信息"表的主键，本例为"订单编号"字段和"商品编号"字段。为"订单信息"表和"商品信息"表创建多对多关系的操作步骤如下：

（1）在 Access 中打开包含"订单信息"表、"商品信息"表和"订单明细"表的数据库，但是不打开这 3 个表。

（2）在功能区的"数据库工具"选项卡中单击"关系"按钮，打开"关系"窗口。

（3）右击"关系"窗口中的空白处，在弹出的菜单中选择"显示表"命令。

（4）打开"显示表"对话框，在"表"选项卡中单击"订单信息"表，然后单击"添加"按钮，将其添加到"关系"窗口中，此时并未关闭"关系"窗口，如图 5-17 所示。

图 5-17　添加"订单信息"表

（5）在"关系"窗口中单击"订单明细"表，然后单击"添加"按钮，将其添加到"关系"窗口中，此时仍然未关闭"关系"窗口，如图 5-18 所示。

图 5-18　按照顺序将"订单明细"表添加到"关系"窗口

（6）在"关系"窗口中单击"商品信息"表，然后单击"添加"按钮和"关闭"按钮，将其添加到"关系"窗口中，并关闭"显示表"对话框，如图 5-19 所示。

图 5-19　将 3 个表添加到"关系"窗口

提示：第（4）～（6）步的操作是为了使在"关系"窗口中添加的 3 个表按照添加的顺序排列，否则会自动按照表名的首字母拼音进行排列。

（7）将"订单信息"表中的"订单编号"字段拖动到"订单明细"表中的"订单编号"字段上，打开"编辑关系"对话框，选中"实施参照完整性""级联更新相关字段"和"级联删除相关记录"3 个复选框，如图 5-20 所示。

（8）单击"创建"按钮，为"订单信息"表和"订单明细"表创建一对多关系，如图 5-21 所示。

（9）将"商品信息"表中的"商品编号"字段拖动到"订单明细"表中的"商品编号"字段上，在打开的"编辑关系"对话框中选中"实施参照完整性""级联更新相关字段"和"级联删除相关记录"3 个复选框，然后单击"创建"按钮，为"商品信息"表和"订单明细"表创建一对多关系，如图 5-22 所示。最后保存"关系"窗口中显示的表和关系。

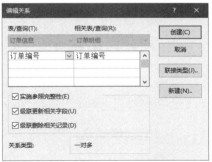

图 5-20　设置一对多关系

图 5-21 为"订单信息"表和"订单明细"
表创建一对多关系

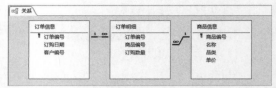

图 5-22 为"商品信息"表和"订单明细"
表创建一对多关系

5.3 设置表关系的联接类型

在创建表关系后，使用"查询"可以从具有关系的多个相关表中获取信息，返回的信息默认只是两个表中的匹配记录，不包括不相关的其他记录，这是因为表关系的联接类型默认为内部联接。联接类型决定了在查询结果中包含哪些记录，在 Access 中有以下 3 种联接类型。

- 内部联接：只返回两个表中联接字段相同的记录。例如，从"客户信息"表和"订单信息"表中返回已提交订单的所有客户及其订单信息。
- 左外部联接：返回在"编辑关系"对话框的左侧表中的所有记录，以及右侧表中的匹配记录。例如，从"客户信息"表和"订单信息"表中返回提交订单的所有客户及其订单信息，以及其他没有提交订单的客户信息。
- 右外部联接：返回在"编辑关系"对话框的右侧表中的所有记录，以及左侧表中的匹配记录。例如，从"客户信息"表和"订单信息"表中返回提交订单的所有客户及其订单信息，以及没有对应客户的订单信息。

当将表关系的联接类型设置为左外部联接或右外部联接时，在表关系连接线的一端会显示一个箭头，箭头指向的表只返回匹配的记录，另一端没有箭头的表将返回所有记录，如图 5-23 所示。

 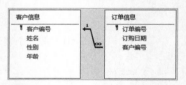

图 5-23 左外部联接和右外部联接

表关系的联接类型需要在"编辑关系"对话框中进行设置。在创建或编辑表关系时，在"编辑关系"对话框中单击"联接类型"按钮，打开"联接属性"对话框，从中选择一种联接类型，如图 5-24 所示。

5.4 查看和编辑表关系

在创建表关系后，可以随时查看、修改和删除表关系，这些操作需要在"关系"窗口和"编辑关系"对话框中完成。

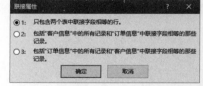

图 5-24 设置表关系的联接类型

5.4.1 查看表关系

如果要查看表关系，需要先打开包含这些表的数据库，然后在功能区的"数据库工具"选项卡中单击"关系"按钮，打开"关系"窗口，其中显示了已经创建好的表关系和相关的表。

如果在"关系"窗口中未显示任何内容，则可以在该窗口中右击，然后在弹出的菜单中选择"显示所有关系"命令，如图 5-25 所示。

如果要删除"关系"窗口中的所有表，则可以在功能区的"关系工具 | 设计"选项卡中单击"清除布局"按钮，如图 5-26 所示，这将在"关系"窗口中移除所有的表及其关系连接线，但是不会真正删除它们。

图 5-25　选择"显示所有关系"命令

图 5-26　单击"清除布局"按钮

5.4.2　修改表关系

用户可以随时修改已经创建好的表关系，包括修改表关系的类型、参照完整性以及表关系的联接类型。首先打开"关系"窗口，显示出要修改的表及其关系连接线，然后单击两个表之间的连接线以将其选中，此时的连接线将加粗显示，接着使用以下 3 种方法之一打开"编辑关系"对话框。

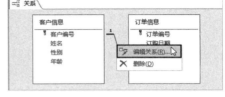

- 在功能区的"关系工具 | 设计"选项卡中单击"编辑关系"按钮。
- 右击连接线，在弹出的菜单中选择"编辑关系"命令，如图 5-27 所示。
- 双击选中的连接线。

图 5-27　选择"编辑关系"命令

使用以上任意一种方法都能打开"编辑关系"对话框，其中包含的选项与创建关系时打开的"编辑关系"对话框相同。对所需选项进行修改，然后单击"确定"按钮。

注意：在修改表关系之前必须先关闭表关系涉及的表，否则无法修改表关系。

5.4.3　删除表关系

用户可以将不再需要的表关系删除。如果在表关系中实施了参照完整性，则在删除表关系时将同时删除参照完整性。在删除表关系之前需要先选中两个表之间的关系连接线，然后使用以下两种方法之一删除表关系：

- 按 Delete 键。
- 右击关系连接线，在弹出的菜单中选择"删除"命令。

无论使用哪种方法，都将打开如图 5-28 所示的对话框，单击"确定"按钮，即可删除当前选中的表关系。

如果表关系中涉及的任何一个表当前处于打开状态，则在单击"确定"按钮后将打开如图 5-29 所示的对话框，此时需要单击"确定"按钮，然后将相关的表关闭，再执行删除表关系的操作。

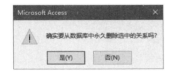

图 5-28　删除表关系时的确认信息

图 5-29　表处于打开状态时无法删除表关系

第 6 章
在表中添加和编辑数据

在完成表结构的设计后，接下来就该向表中添加数据了。本章将介绍在表中添加和编辑数据的方法，添加数据包括输入新数据和导入外部数据两种情况。由于在 Access 中存在"记录"的概念，所以在 Access 中输入和编辑数据有很多需要注意的问题。在开始涉及数据的具体操作之前，首先介绍 Access 为在表中输入和编辑数据专门提供的数据表视图的基本概念和基本操作。

6.1　数据表视图的基本概念和基本操作

Access 为表提供了两种视图，即设计视图和数据表视图，设计视图专门用于设计表的结构，数据表视图主要用于在表中输入和编辑数据，这些数据是数据库中的查询、窗体和报表等对象所使用的基础数据。本节将介绍数据表视图的界面环境和基本操作。

6.1.1　了解数据表视图

数据表视图是"表"对象的一种视图类型，在数据库中操作"表"对象时可以随时切换到数据表视图，有以下几种方法：

- 在导航窗格中双击表。
- 单击状态栏中的"数据表视图"按钮▦。
- 如果当前在设计视图中打开了表，则可以在功能区的"表格工具|设计"选项卡中单击"视图"按钮，如图 6-1 所示。
- 如果当前未打开任何对象，从导航窗格中将表拖动到右侧窗口中，即可在数据表视图中打开此表。

图 6-1　单击"视图"按钮

在数据表视图中打开一个表后，表中数据的排列在行和列中，每一行是一条记录，每一列是一个字段，行和列的交叉处是特定的值，如图 6-2 所示。

如果表中包含大量的字段和记录，将在窗口的下方和右侧显示水平滚动条和垂直滚动条，使用水平滚动条可以显示位于窗口之外的字段，使用垂直滚动条可以显示位于窗口之外的记录。

图 6-2　数据表视图

6.1.2　在数据表视图中导航

在数据表视图中的数据区域的下方有一个工具栏，如图 6-3 所示，使用其中的命令可以在不同的记录之间导航，使用工具栏右侧的搜索框可以在表中快速找到指定的数据。

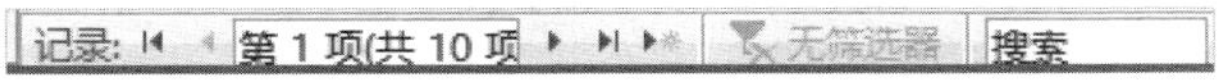

> 记录: Ⅰ◀ 第 1 项(共 10 项 ▶ ▶Ⅰ ▶* 　▼ 无筛选器 │ 搜索

图 6-3　数据表视图中的工具栏

工具栏中各个命令的功能如下。

- Ⅰ◀：定位到表中的第一条记录。
- ▶Ⅰ：定位到表中的最后一条记录。
- ◀：定位到表中的上一条记录。
- ▶：定位到表中的下一条记录。
- ▶*：在表的末尾添加一条新记录。
- 第 1 项(共 10 项：在该控件中输入记录的编号并按 Enter 键，将快速定位到指定的记录。如果输入的记录号大于表中的记录总数，则将显示如图 6-4 所示的提示信息。

图 6-4　输入不存在的记录号时显示的提示信息

- ▼ 无筛选器：如果对表执行筛选操作，则该控件上的文字将显示为"已筛选"。反复单击该控件，将在筛选和未筛选之间切换，以便对比数据筛选前和筛选后的结果。
- 搜索　　：在该控件中输入要查找的内容，将在表中高亮显示找到的第一个匹配项，反复按 Enter 键，会依次显示找到的每一个匹配项，直到最后一个匹配项为止。

除了使用工具栏中的命令外，还可以使用快捷键在表中导航，如表 6-1 所示。

表 6-1　在表中导航时的快捷键

按　　键	功　　能
Tab 或→	定位到下一个字段
Shift+Tab 或←	定位到上一个字段
Home	定位到当前记录的第一个字段
End	定位到当前记录的最后一个字段
Ctrl+Home	定位到第一条记录的第一个字段
Ctrl+End	定位到最后一条记录的最后一个字段
↑	定位到上一条记录

续表

按　　键	功　　能
↓	定位到下一条记录
PgUp	上滚一页
PgDn	下滚一页

6.1.3　设置数据表视图中的导航方式

Access 允许用户根据个人习惯自定义设置在表中导航的方式。单击"文件"按钮并选择"选项"命令，打开"Access 选项"对话框，在"客户端设置"选项卡中设置导航方式，如图 6-5 所示。

图 6-5　自定义设置导航方式

1．按Enter键后光标移动方式

默认情况下，在一条记录的某个字段中输入内容后，按 Enter 键将自动定位到该记录的下一个字段。"按 Enter 键后光标移动方式"选项用于设置按 Enter 键后鼠标指针的移动方式。

- 不移动：不改变鼠标指针的位置。
- 下一个字段：将鼠标指针移动到同一条记录的下一个字段，如图 6-6 所示，该项是 Access 的默认设置。
- 下一条记录：将鼠标指针移动到下一条记录的同一个字段，如图 6-7 所示。

图 6-6　设置为"下一个字段"时的效果

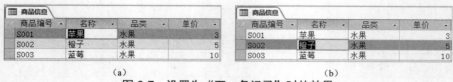

图 6-7　设置为"下一条记录"时的效果

2．进入字段时的行为

默认情况下，从一个字段定位到另一个字段时，将自动选中该字段中的所有内容。"进入字段时的行为"选项用于设置定位到另一个字段时鼠标指针的行为。

- 选择整个字段：定位到另一个字段时，将自动选中该字段中的所有内容，该项是 Access 的默认设置。
- 转到字段开头：定位到另一个字段时，鼠标指针位于字段的开头，并显示为一条竖线，如图 6-8 所示。

- 转到字段末尾：定位到另一个字段时，鼠标指针位于字段的末尾，并显示为一条竖线。

（a）　　　　　　　　　　　　　（b）

图 6-8　设置为"转到字段开头"时的效果

3．箭头键行为

默认情况下，在按←或→时，鼠标指针将从当前字段移动到下一个字段。当到达记录的最后一个字段时，按→将定位到下一条记录的第一个字段；当到达记录的第一个字段时，按←将定位到上一条记录的最后一个字段。"箭头键行为"选项用于设置按←和→时鼠标指针的行为。

- 下一个字段：按←定位到上一个字段，按→定位到下一个字段，该项是 Access 的默认设置。
- 下一个字符：按←定位到字段中的前一个字符，按→定位到字段中的后一个字符，鼠标指针显示为一条竖线。
- 光标停在第一个 / 最后一个字段上：选中该复选框后，如果鼠标指针位于一条记录的最后一个字段，在按→时，鼠标指针仍然停留在该字段中；如果鼠标指针位于一条记录的第一个字段，在按←时，鼠标指针仍然停留在该字段中。

6.1.4　设置表的默认外观格式

在"Access 选项"对话框的"数据表"选项卡中可以设置表的默认外观格式，包括网格线、单元格、列宽和字体，如图 6-9 所示。

- 网格线：网格线是分隔行和列的线条，通过选中或取消选中"水平"和"垂直"复选框，可以显示或隐藏水平网格线和垂直网格线。
- 单元格：单元格的外观默认为"平面"，通过选中"凸起"或"凹陷"单选按钮可以将其改为"凸起"或"凹陷"，如图 6-10 所示为"凸起"效果。
- 列宽：在"默认列宽"文本框中输入一个数值，以后创建的表的列宽都将自动设置为该值。
- 字体：在"默认字体"部分可以设置表中数据的字号、粗细、下画线和倾斜等格式，以后创建的表中的数据都将自动设置为此处设置的字体格式。

图 6-9　设置表的默认外观格式　　　图 6-10　将单元格效果设置为"凸起"

在"数据表"选项卡中设置的格式会影响数据库中现有的表和以后创建的新表。如果在打开了一个或多个表的情况下进行以上设置，则需要关闭这些表后再重新打开它们，设置后的效果才会在这些表中显示出来。

6.2　在表中输入数据

数据表视图是 Access 中专门为输入数据提供的操作环境。在 Access 表中输入数据与在 Excel 工作表中输入数据有些类似，但是也存在很多不同之处。掌握在 Access 中输入数据的正确方法不仅可以提高输入效率，还可以避免出错。

6.2.1　影响数据输入的因素

Access 对用户在表中输入的数据有比较严格的限制，如果不了解这些限制，在输入数据时就会寸步难行、错误频出。在 Access 中影响数据输入的因素主要有以下几个。

1．必填字段

无论哪种数据类型的字段，都有一个名为"必需"的属性。如果将该属性设置为"是"，则必须在该字段中输入一个值。

2．字段的数据类型

字段的数据类型限制了用户在字段中可以输入哪些数据。一个字段通常只接受一种数据类型的值。例如，在"数字"数据类型的字段中只能输入数字，如果输入文本，则在定位到另一个字段或保存表时将显示如图 6-11 所示的提示信息。

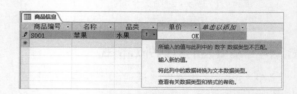

图 6-11　输入数据类型不匹配的值时显示的提示信息

"日期/时间"和"是/否"两种数据类型对用户输入的数据也具有类似的限制。"自动编号"数据类型则根本不允许用户输入或编辑该数据类型的字段中的值。

3．验证规则

如果为字段设置了"验证规则"属性，则在字段中只能输入符合验证规则的数据。

4．输入掩码

如果为字段设置了"输入掩码"属性，则在字段中必须按照输入掩码中指定的格式输入数据。

6.2.2　添加新记录

记录选择器是由每条记录的开头组成的一个灰色矩形区域，新记录是记录选择器上显示星号（*）的行，如图 6-12 所示。

无论表中是否包含数据，都包含一条新记录，其始终位于表的底部。在表中添加新记录有以下几种方法：

- 使用鼠标或键盘定位到星号开头的行中的第一个字段。
- 单击数据区域下方的工具栏中的"新（空白）记录"按钮▶*。
- 在功能区的"开始"选项卡中单击"新建"按钮，如图 6-13 所示。
- 在功能区的"开始"选项卡中单击"转至"按钮，然后在弹出的菜单中选择"新建"命令，如图 6-14 所示。

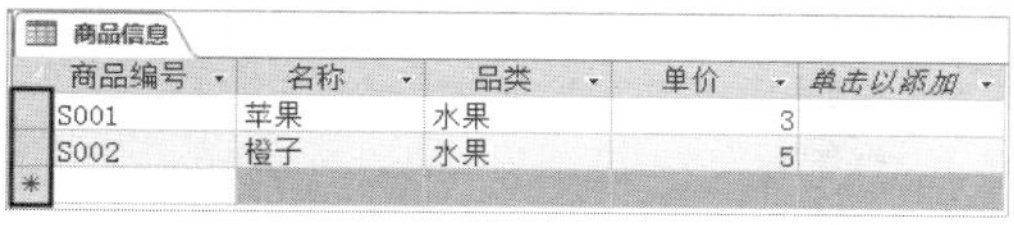

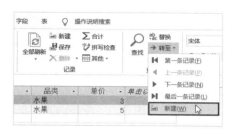

图 6-12 记录选择器和新记录

图 6-13 单击"新建"按钮

- 按 Ctrl++ 快捷键。
- 右击任意一条记录开头的记录选择器，在弹出的菜单中选择"新记录"命令，如图 6-15 所示。

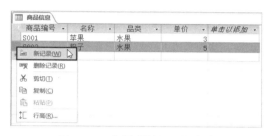

图 6-14 选择"转至"|"新建"命令

图 6-15 选择"新记录"命令

6.2.3 输入数据

在表中输入数据之前需要先打开这个表。输入数据就是在一条记录的各个字段中输入所需的内容。在输入时要注意 6.2.1 节介绍的注意事项，否则可能会随时出现错误。

在一个字段中输入好内容后，按 Tab 键、→或使用鼠标单击，都可以定位到同一条记录的下一个字段，然后继续输入所需的内容。在一个字段中输入数据时，该字段所在记录的记录选择器上的星号会变为铅笔图标，以表示当前正在编辑的是哪条记录，如图 6-16 所示。

图 6-16 输入数据时显示铅笔图标

如果在一个包含内容的字段中插入或删除部分内容，则需要先定位到该字段，然后按 F2 键，取消内容的选中状态，再使用方向键定位到内容中的特定位置上，并输入所需的内容，或者按 Delete 键或 BackSpace 键删除不需要的内容。另外，还可以直接使用鼠标单击要编辑的字段中的任意位置，然后输入或删除内容。在执行上述操作时，鼠标指针将显示为一条闪烁的竖线，可以将其称为"插入点"。

6.2.4 撤销操作

在编辑一条记录时，可以使用以下几种方法撤销对当前字段的修改：

- 单击快速访问工具栏中的"撤销"按钮 ⤺。
- 按 Ctrl+Y 快捷键。
- 按 Esc 键。

如果要撤销对当前整条记录的修改，则可以在鼠标指针还未离开这条记录时连续按两次 Esc 键。如果编辑好一条记录，然后将鼠标指针定位到另一条记录，此时可以使用"撤销"按钮或 Ctrl+Y 快捷键撤销对上一条记录的修改。但是如果已经在另一条记录的任意一个字段中输入了数据，则将无法撤销对上一条记录的修改。

注意：如果当前正在为新记录输入数据，在不离开该记录时按两次 Esc 键，或者在将鼠标指针定位到另一条记录后使用"撤销"按钮或 Ctrl+Y 快捷键，都将删除这条新记录。

6.2.5　保存记录

保存正在编辑的记录有以下几种方法：

- 单击快速访问工具栏中的"保存"按钮 🔲。
- 按 Ctrl+S 快捷键。
- 按 Shift+Enter 快捷键。
- 从当前记录定位到另一条记录。

如果记录选择器中的铅笔图标消失了，则说明当前记录已被保存。在保存记录时，Access 会检查记录的各个字段中的数据是否有效。例如，将某个字段的"必需"属性设置为"是"，如果在该字段中没有输入任何内容，在保存记录时就会显示类似如图 6-17 所示的提示信息，只有在该字段中输入数据之后才能保存该条记录。

图 6-17　Access 在保存记录时自动检查数据是否有效

6.2.6　删除记录

删除一条记录有以下几种方法：

- 右击记录开头的记录选择器，然后在弹出的菜单中选择"删除记录"命令，如图 6-18 所示。
- 单击记录开头的记录选择器，然后在功能区的"开始"选项卡中单击"删除"按钮，如图 6-19 所示。
- 单击记录开头的记录选择器，然后按 Delete 键。

图 6-18　选择"删除记录"命令

图 6-19　单击"删除"按钮

无论使用哪种方法，都将打开如图 6-20 所示的对话框，单击"是"按钮，即可删除相应的记录。由于无法撤销删除操作，所以在删除记录前需要谨慎。

如果要一次性删除多条记录，则可以选择这些记录，然后按 Delete 键；或者在功能区的"开始"选项卡中单击"删除"按钮上的下拉按钮，然后在弹出的菜单中选择"删除记录"命令。

选择多条记录有以下两种方法：

- 拖动记录选择器选择连续的多条记录，如图 6-21 所示选中了第 2 ～ 6 条记录。
- 先选择一条记录，然后按住 Shift 键，再选择另一条记录，这两条记录以及位于这两条记录之间的记录都将被选中。

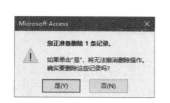

图 6-20　删除记录前的确认信息

商品编号	名称	品类	单价	单击以添加
S001	苹果	水果	3	
S002	橙子	水果	5	
S003	蓝莓	水果	10	
S004	柠檬	水果	2	
S005	草莓	水果	8	
S006	猕猴桃	水果	6	
S007	火龙果	水果	5	
S008	白菜	蔬菜	2	
S009	冬瓜	蔬菜	3	
S010	胡萝卜	蔬菜	1	

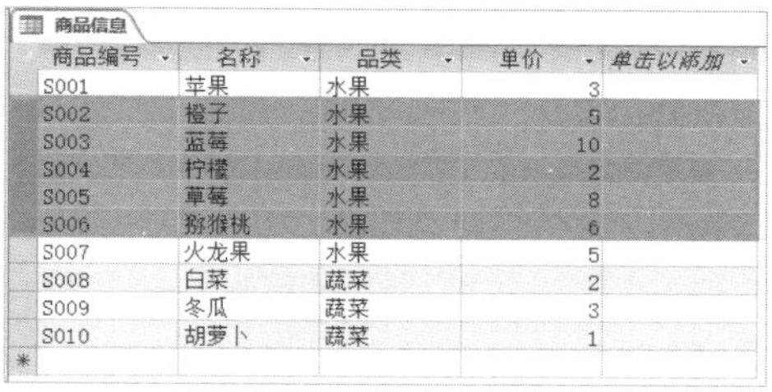

图 6-21　选择连续的多条记录

6.3　导入外部数据

实际上，Access 数据库中的很多数据都是从其他程序创建的文件中导入的。Access 提供了强大的导入外部数据的功能，可以将多种来源的数据导入 Access，当然也支持导入 Access 数据库中的数据。

6.3.1　导入 Access 数据库中的表

可以将其他 Access 数据库中的表和对象导入当前 Access 数据库中，如果已经为这些表创建了关系，则在导入时可以选择是否导入表关系。下面将名为“客户和订单信息”的 Access 数据库中的“客户信息”表和“订单信息”表的结构和数据导入一个新建的 Access 数据库中，操作步骤如下：

（1）在 Access 中新建一个数据库，然后在功能区的“外部数据”选项卡中单击“新数据源”按钮，在弹出的菜单中选择“从数据库”|Access 命令，如图 6-22 所示。

（2）打开“获取外部数据 -Access 数据库”对话框，单击“浏览”按钮，如图 6-23 所示。

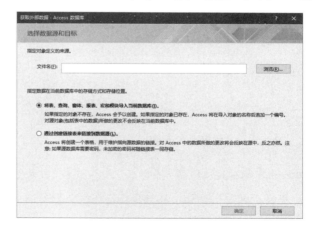

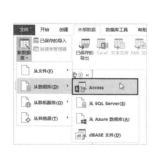

图 6-22　选择 Access 命令

图 6-23　单击“浏览”按钮

（3）打开“打开”对话框，双击要导入的 Access 数据库，如图 6-24 所示。

（4）返回“获取外部数据 -Access 数据库”对话框，第（3）步选中的数据库的完整路径被自动填入“文件名”文本框，选中“将表、查询、窗体、报表、宏和模块导入当前数据库”单选按钮，然后单击“确定”按钮，如图 6-25 所示。

（5）打开“导入对象”对话框，在“表”选项卡中选择“订单信息”和“客户信息”两个表，如图 6-26 所示。单击一项可将其选中，再次单击该项将取消其选中状态。

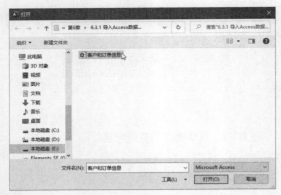

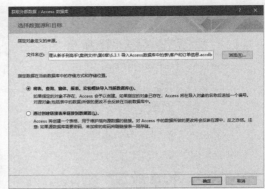

图 6-24　双击要导入的 Access 数据库　　图 6-25　选中"将表、查询、窗体、报表、宏和
　　　　　　　　　　　　　　　　　　　　　　　模块导入当前数据库"单选按钮

（6）单击"选项"按钮，展开对话框中的选项，为了导入表的结构、数据和关系，需要选中"定义和数据"单选按钮以及"关系"复选框，如图 6-27 所示。

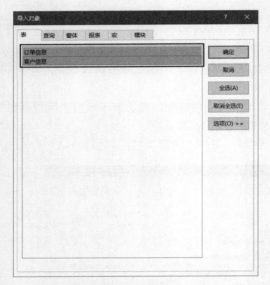

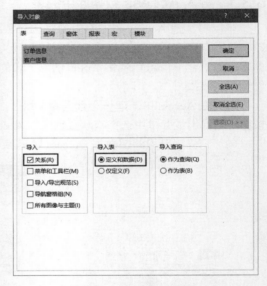

图 6-26　选择要导入的表　　　　　　　　图 6-27　设置导入选项

提示：如需导入其他对象，可以在"导入对象"对话框的其他几个选项卡中选择所需的对象。

（7）单击"确定"按钮，然后单击"关闭"按钮，将选中的表的结构、数据和关系导入当前数据库中。

6.3.2　导入其他程序文件中的数据

本小节以导入文本文件中的数据为例，介绍将其他程序文件中的数据导入 Access 数据库中的方法。如图 6-28 所示为要导入的文本文件，第一行是标题，其他行是数据。在 Access 数据库中导入该文本文件的操作步骤如下：

（1）在 Access 中新建一个数据库，然后在功能区的"外部数据"选项卡中单击"新数据源"按钮，在弹出的菜单中选择"从文件"|"文本文件"命令，如图 6-29 所示。

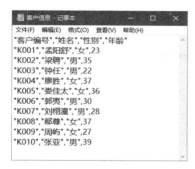

图 6-28　要导入的文本文件

图 6-29　选择"文本文件"命令

（2）打开"获取外部数据 - 文本文件"对话框，单击"浏览"按钮，然后在打开的对话框中双击要导入的文本文件，返回"获取外部数据 - 文本文件"对话框，选中"将源数据导入当前数据库的新表中"单选按钮，然后单击"确定"按钮，如图 6-30 所示。

（3）打开"导入文本向导"对话框，由于本例文本文件中的各列数据使用逗号分隔，所以选中"带分隔符 - 用逗号或制表符之类的符号分隔每个字段"单选按钮，然后单击"下一步"按钮，如图 6-31 所示。

图 6-30　选择要导入的文本文件　　　图 6-31　选择文本文件中各列数据的分隔方式

（4）进入如图 6-32 所示的界面，选择分隔符的类型，此处选中"逗号"单选按钮，并选中"第一行包含字段名称"复选框，然后单击"下一步"按钮。

提示：在界面左下角有一个"高级"按钮，单击该按钮可以进一步设置导入规则。

（5）进入如图 6-33 所示的界面，此处设置每列数据在导入 Access 后显示的字段名称、数据类型以及是否创建索引。通过选中"不导入字段（跳过）"复选框，可以不将指定的字段导入 Access。对话框下方高亮显示的列是当前正在设置的列，可以单击不同的列以将其高亮显示。设置好之后单击"下一步"按钮。

（6）进入如图 6-34 所示的界面，此处设置导入后的表的主键。本例选中"我自己选择主键"单选按钮，然后在右侧的下拉列表中选择"客户编号"，将该字段设置为表的主键。设置好之后单击"下一步"按钮。

（7）进入如图 6-35 所示的界面，此处设置导入 Access 后的表的名称，然后单击"完成"按钮和"关闭"按钮，将选择的文本文件中的数据以指定的格式导入 Access 中。

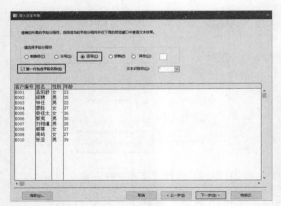

图 6-32 设置导入选项

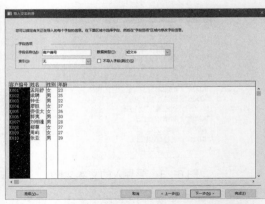

图 6-33 设置各列数据的字段名、数据类型和索引

图 6-34 设置表的主键

图 6-35 设置导入后的表名

6.3.3 使用复制 / 粘贴的方法导入 Excel 数据

当要在数据库中导入 Excel 工作表中的数据时，只需通过简单的复制 / 粘贴操作即可完成，操作步骤如下：

（1）在 Excel 中打开包含要导入数据的工作簿，切换到所需的工作表，选择要导入 Access 中的数据区域，然后按 Ctrl+C 快捷键复制选区中的数据，如图 6-36 所示。

（2）在 Access 中新建或打开要导入数据的数据库，然后在导航窗格中的空白处右击，在弹出的菜单中选择"粘贴"命令，如图 6-37 所示。

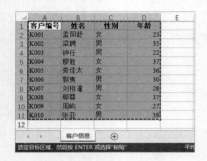

图 6-36 复制 Excel 中的数据

图 6-37 在 Access 中选择"粘贴"命令

（3）打开如图 6-38 所示的对话框，由于第（1）步复制的数据的第一行是标题，所以这里单击"是"按钮。

（4）将 Excel 数据成功导入 Access 后，将显示如图 6-39 所示的对话框，单击"确定"按钮。

图 6-38　选择是否将数据区域的第一行设置为标题

图 6-39　导入成功的提示信息

（5）Access 自动创建一个表，其中包含导入的 Excel 数据，该表的名称被自动设置为 Excel 工作表的名称，如图 6-40 所示。

图 6-40　导入 Access 中的 Excel 数据

6.4　编辑表中的数据

在表中输入数据后可能需要编辑表中的数据，包括复制、查找、替换、合并等操作，本节将介绍执行这些操作的方法。

6.4.1　复制数据

在 Access 表中可以复制一个或多个字段中的内容，也可以复制一条或多条记录。复制的内容会进入剪贴板，然后将剪贴板中的内容粘贴到当前表或其他表中。

在 Access 中复制和粘贴数据时，需要注意复制的源数据与粘贴到的目标位置是否具有相同的数据类型。如果复制的是一个单独的字段，则需要确保复制的源字段与粘贴的目标字段具有相同的数据类型；如果复制的是多个字段或整条记录，则需要确保复制的这些字段的数据类型与粘贴到的目标位置上的各个字段的数据类型一一对应。如果违反上述规则，在粘贴数据时将会出错。

例如，如果复制的整条记录中包含"姓名""性别"和"年龄"3 个字段，它们的数据类型依次为"文本""文本"和"数字"，则粘贴到的目标位置上的 3 个字段的数据类型也必须依次为"文本""文本"和"数字"，否则将显示如图 6-41 所示的提示信息。

单击"确定"按钮，Access 将不匹配的数据粘贴到一个名为"粘贴错误"的新表中，以确保复制的数据不会丢失，如图 6-42 所示。待用户修复字段数据类型不匹配的问题后，可以再从该表中复制数据并粘贴到所需的位置。

复制表中的字段和记录有以下几种方法。

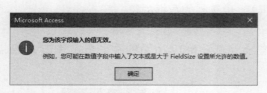
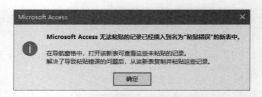

图 6-41　数据类型不匹配时将出现错误　　　　图 6-42　Access 将不匹配的数据粘贴到一个新表

1. 复制一个字段

将鼠标指针移动到包含要复制数据的单元格靠左的位置，当鼠标指针变为一个白色加号（✛）时单击，将选中该单元格并呈现出区别于其他单元格的背景色，如图 6-43 所示。

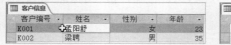

图 6-43　选择一个单元格

右击选中的单元格，在弹出的菜单中选择"复制"命令，将该单元格中的内容复制到剪贴板，如图 6-44 所示。然后在目标表中选择要粘贴数据的字段，右击该字段并在弹出的菜单中选择"粘贴"命令，将剪贴板中的内容粘贴到该字段中。

另外，还可以将复制的字段粘贴为一个新字段，只需在复制字段后在目标表中单击"单击以添加"字段，然后在弹出的菜单中选择"粘贴为字段"命令，如图 6-45 所示。

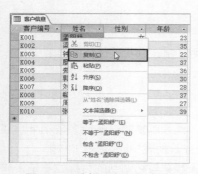

图 6-44　选择"复制"命令　　　　图 6-45　选择"粘贴为字段"命令

提示：在执行复制和粘贴操作时可以使用快捷键代替菜单命令，Ctrl+C 快捷键等效于"复制"命令，Ctrl+V 快捷键等效于"粘贴"命令。

2. 复制多个字段

在复制多个字段时需要先选择这些字段，有以下两种方法：

- 将鼠标指针移动到要选择的第一个单元格靠左的位置，当鼠标指针变为一个白色加号（✛）时，按住鼠标左键并向右和向下拖动，直到选中所需的多个单元格为止。
- 先选择一个单元格，然后按住 Shift 键，再选择另一个单元格，将选中包含这两个单元格在内以及位于这两个单元格之间的所有单元格。

选中单元格后，右击选中的任意一个单元格，在弹出的菜单中选择"复制"命令。然后在目标表中选择数量相同的多个单元格，注意这些单元格的数据类型必须与复制的字段的数据类型——对应，接着右击选中的任意一个目标单元格，在弹出的菜单中选择"粘贴"命令，即可将复制的多个字段中的数据粘贴到目标位置。

3．复制整条记录

右击记录开头的记录选择器，在弹出的菜单中选择"复制"命令，如图 6-46 所示。然后右击目标表中要粘贴数据的记录开头的记录选择器，在弹出的菜单中选择"粘贴"命令。

图 6-46　选择"复制"命令

6.4.2　查找数据

使用"查找"功能可以快速定位表中的特定内容。在表中查找数据有以下两种方法：

- 使用数据区域下方的工具栏中的搜索框。
- 使用"查找和替换"对话框中的"查找"选项卡。

1．使用搜索框查找数据

在数据表视图中打开一个表，可见在数据区域下方的工具栏中有一个搜索框，在其中输入要查找的内容，将在表中高亮显示第一个匹配项，如图 6-47 所示。

图 6-47　使用搜索框查找数据

2．使用"查找和替换"对话框中的"查找"选项卡查找数据

查找数据的另一种方法是使用"查找和替换"对话框中的"查找"选项卡，这种方法可以为数据的查找提供更灵活的方式。打开"查找"选项卡有以下两种方法：

- 在功能区的"开始"选项卡中单击"查找"按钮，如图 6-48 所示。
- 按 Ctrl+F 快捷键。

图 6-48　单击"查找"按钮

使用任意一种方法都将打开"查找和替换"对话框中的"查找"选项卡，如图 6-49 所示，其中包含以下几个选项，它们的设置结果共同决定了数据的查找范围和方式。

- 查找内容：输入要查找的内容，可以使用星号（*）、问号（?）和井号（#）3 个通配符，星号表示任意个字符，问号表示任意一个字符，井号表示任意一个数字。

图 6-49　"查找和替换"对话框中的"查找"
选项卡

- 查找范围：指定查找的范围，包括"当前字段"和"当前文档"两项。"当前字段"是指鼠标指针所在的字段列，"当前文档"是指当前打开的表，注意每次只能在数据库中的一个表中进行查找。

- 匹配：指定查找内容的匹配模式，其功能类似于通配符，包括"字段任何部分""整个字段"和"字段开头"3 项。"字段任何部分"匹配包含"查找内容"的内容，例如查找内容为"10"，则表中的"10""2010""2100"都与其匹配；"整个字段"完全匹配"查找内容"；"字段开头"匹配以"查找内容"作为开头部分的内容。

- 搜索：指定查找的方向，包括"向上""向下"和"全部"3 项。

- 区分大小写：如果选中该复选框，将按照英文字母大小写形式进行查找。

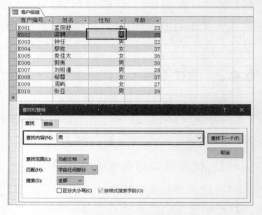

- 按格式搜索字段：如果选中该复选框，将按照数据在表中的显示格式进行查找，而不是按照数据本身的值进行查找。如果将"查找范围"设置为"当前文档"，则该项被自动选中且无法更改；如果将"查找范围"设置为"当前字段"，则将由用户决定是否选中该项。

在"查找内容"文本框中输入要查找的内容，并设置好所需选项，然后单击"查找下一个"按钮，将自动定位到第一个匹配项并高亮显示，如图 6-50

图 6-50　查找数据

所示。继续单击该按钮，将定位到下一个找到的匹配项，以此类推，直到定位到当前表中的最后一个匹配项为止。

6.4.3　替换数据

查找数据的主要目的是为了快速找到所需的数据并对其进行修改。在找到匹配数据后，Access 会自动选中该数据，输入新的内容即可覆盖原有内容。另外也可以使用 Tab 键或方向键定位到指定的字段，此时该字段中的内容也会被自动选中，输入新的内容即可。

如果要修改的内容出现在表中的多个位置上，则可以使用"替换"功能进行批量操作。打开"查找和替换"对话框中的"替换"选项卡有以下两种方法：

- 在功能区的"开始"选项卡中单击"替换"按钮，如图 6-51 所示。
- 按 Ctrl+H 快捷键。

图 6-51　单击"替换"按钮

使用任意一种方法都将打开"查找和替换"对话框中的"替换"选项卡，如图 6-52 所示，其中包含的选项与"查找"选项卡基本相同，只是多了一个"替换为"文本框和两个执行替换操作的按钮。

如果要执行替换操作，需要分别在"查找内容"文本框和"替换为"文本框中输入替

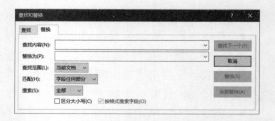

图 6-52　"查找和替换"对话框中的"替换"选项卡

换前的内容和替换后的内容，并设置好其他所需的选项，然后执行以下两种操作之一：

- 如果只想对部分匹配项进行修改，可以单击"查找下一个"按钮，在找到一个匹配项后，如果确定要对其进行修改，则单击"替换"按钮执行替换操作。重复该操作，直到修改完所需修改的匹配项为止。
- 如果要对找到的所有匹配项进行修改，则单击"全部替换"按钮，打开如图 6-53 所示的对话框，单击"是"按钮完成替换操作。用户无法撤销已经执行的替换操作，因此在操作前需要谨慎。

如图 6-54 所示，在"查找内容"文本框中输入"果蔬"，在"替换为"文本框中输入"水果"，然后单击"全部替换"按钮，将"商品信息"表中"品类"字段的所有"果蔬"修改为"水果"，如图 6-55 所示。

图 6-53　无法撤销替换操作的提示信息　　　　图 6-54　替换数据

（a）

（b）

图 6-55　将"品类"字段中的所有"果蔬"修改为"水果"

6.4.4　合并两个表中的数据

对于结构相同但数据不同的两个表，有时可能需要将它们合并为一个表，此时可以使用"追加"功能完成任务。如图 6-56 所示为"商品信息一"和"商品信息二"两个表中的数据，两个表的结构完全相同，将两个表中的数据合并到一起的操作步骤如下：

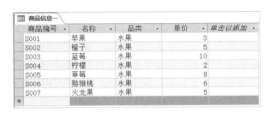

（a）　　　　　　　　　　　　　　　　　　　　（b）

图 6-56　要合并到一起的两个表

（1）在导航窗格中右击"商品信息二"表，然后在弹出的菜单中选择"复制"命令，如图 6-57 所示。

（2）在导航窗格中的空白处右击，然后在弹出的菜单中选择"粘贴"命令，如图 6-58 所示。

图 6-57 选择"复制"命令　　　图 6-58 选择"粘贴"命令

提示：在第（1）步中也可以对"商品信息一"表执行复制操作，对哪个表执行复制操作取决于用户想将哪个表当作源表。本例是将"商品信息二"表当作源表，将该表中的数据合并到"商品信息一"表中，因此需要复制"商品信息二"表。

（3）打开"粘贴表方式"对话框，在"表名称"文本框中输入"商品信息一"，然后选中"将数据追加到已有的表"单选按钮，如图 6-59 所示。单击"确定"按钮，即可将"商品信息二"表中的数据合并到"商品信息一"表的底部，如图 6-60 所示。

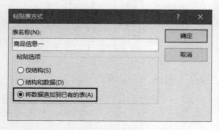

图 6-59 设置数据合并选项　　　图 6-60 数据合并结果

注意：如果"商品信息一"表当前处于打开状态，则在将其他表中的数据合并到该表后，需要关闭并重新打开"商品信息一"表，其中才会显示从其他表合并过来的数据。如果源表和目标表的主键中的数据发生冲突，则在合并数据时发生冲突的记录可能会丢失。如果源表和目标表中的记录存在数据类型不同的字段，则在合并数据时将丢失这些字段。

第 7 章
设置和处理表中的数据

在表中输入数据后，用户可以使用 Access 提供的一些功能操作表中的数据，包括设置表的外观和布局格式、排序和筛选数据、打印数据等，本章将介绍使用这些功能设置和处理数据的方法。

7.1　设置表的外观和布局格式

为了使表看起来更加美观和专业，用户可以对表的外观格式进行一些细节上的调整和设置，包括数据的字体格式、对齐方式、列宽、行高、列的隐藏和冻结、网格线、背景色等。Access 会将对表布局的设置与在表中输入数据这两种操作分开保存。

7.1.1　设置数据的字体格式

在 Access 中可以为表中的数据设置字体、字号、加粗、倾斜、下画线、字体颜色等格式。与字体格式有关的命令位于功能区的"开始"选项卡的"文本格式"组中，如图 7-1 所示。

字体、字号和字体颜色的设置需要从"字体""字号"和"字体颜色"3 个下拉列表中选择，如图 7-2 所示。

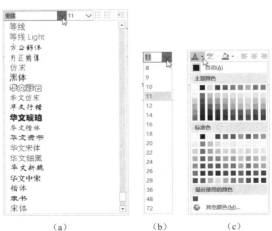

图 7-1　用于设置字体格式的命令　　　　图 7-2　"字体""字号"和"字体颜色"下拉列表

加粗、倾斜和下画线的设置需要单击相应的 3 个按钮，如图 7-3 所示，它们是可以反复单击的按钮，按下按钮时表示功能正处于启用状态，弹起按钮时表示功能未被启用。

图 7-3 "加粗""倾斜" 和 "下画线"按钮

提示： 将鼠标指针移动到按钮上，会显示按钮的名称和功能简介。

在为表中的数据设置字体格式之前，不需要先选择要设置的特定内容，因为设置结果会自动作用于表中的所有内容。

7.1.2 设置数据在单元格中的对齐方式

数据的对齐方式是指数据在单元格中的水平位置，包括左对齐、居中和右对齐 3 种。用户可以在功能区的"开始"选项卡的"文本格式"组中设置数据的对齐方式，如图 7-4 所示。

图 7-4 用于设置数据对齐方式的命令

不同类型的数据在单元格中有默认的对齐方式，例如文本在单元格中默认左对齐，数字和日期 / 时间在单元格中默认右对齐。如果要使数据在单元格中按照自己的要求进行对齐，例如让各列数据都居中对齐，则需要手动设置对齐方式，操作步骤如下：

（1）打开要设置的表，单击第一列的中的任意一个单元格，然后在功能区的"开始"选项卡中单击"居中"按钮 ，将第一列的数据居中对齐，如图 7-5 所示。

（2）使用类似的方法逐一为表中的其他列数据设置居中对齐，如图 7-6 所示。

商品编号	名称	品类	单价	单击以添加
S001	苹果	水果	3	
S002	橙子	水果	5	
S003	蓝莓	水果	10	
S004	柠檬	水果	2	
S005	草莓	水果	8	
S006	猕猴桃	水果	6	
S007	火龙果	水果	5	
S008	白菜	蔬菜	2	
S009	冬瓜	蔬菜	3	
S010	胡萝卜	蔬菜	1	

图 7-5 将第一列数据设置为居中对齐

商品编号	名称	品类	单价	单击以添加
S001	苹果	水果	3	
S002	橙子	水果	5	
S003	蓝莓	水果	10	
S004	柠檬	水果	2	
S005	草莓	水果	8	
S006	猕猴桃	水果	6	
S007	火龙果	水果	5	
S008	白菜	蔬菜	2	
S009	冬瓜	蔬菜	3	
S010	胡萝卜	蔬菜	1	

图 7-6 将表中的其他列数据设置为居中对齐

注意： 设置表格式的操作不能被撤销，因此如果设置了错误的对齐方式，一种解决方法是重新为其设置原来的对齐方式，另一种解决方法是立即关闭当前的表，关闭时单击"否"按钮不保存对表布局的更改，然后再重新打开该表。

除了使用功能区中的对齐命令外，用户还可以在表的设计视图中使用"文本对齐"属性设置数据的对齐方式，如图 7-7 所示。

常规	查阅	
字段大小		255
格式		@
输入掩码		
标题		
默认值		
验证规则		
验证文本		
必需		是
允许空字符串		
索引		
Unicode 压缩		常规
		左
输入法模式		居中
输入法语句模式		右
		分散
文本对齐		居中

图 7-7 使用"文本对齐"属性设置数据的对齐方式

7.1.3 设置列宽和行高

在默认情况下，表中每一列的宽度都是相同的。然而，在每一列中所输入数据的长度并不相同，导致一些列包含大量的空白部分，浪费不必要的显示空间。如果要使列的宽度正好与其中的内容相匹配，则可以双击两个字段标题之间的分隔线，此时会自动调整位于分隔线左侧的一列的宽度，如图 7-8 所示。

注意： 鼠标指针必须变为左右箭头时双击才有效。

（a）　　　　　　　　　　　（b）

图 7-8　自动调整列宽

用户还可以使用鼠标拖动两个字段标题之间的分隔线，灵活地调整列宽的值。将鼠标指针移动到两个字段标题之间的分隔线上，当鼠标指针变为左右箭头时按住鼠标左键向左或向右拖动，即可调整位于分隔线左侧的一列的宽度。在拖动过程中显示的竖线表示当前拖动到的位置，如图 7-9 所示。

图 7-9　拖动字段标题之间的分隔线以调整列宽

除了前面介绍的方法外，用户还可以将列宽设置为一个精确的值，为此需要使用"列宽"对话框，打开该对话框有以下两种方法：

- 单击要设置列宽的字段中的任意一个单元格，在功能区的"开始"选项卡中单击"其他"按钮，然后在弹出的菜单中选择"字段宽度"命令，如图 7-10 所示。
- 右击要设置列宽的字段的标题，在弹出的菜单中选择"字段宽度"命令，如图 7-11 所示。

图 7-10　选择功能区中的"字段宽度"命令　　**图 7-11　选择"字段宽度"命令**

无论使用哪种方法，都将打开"列宽"对话框，在文本框中输入表示列宽的数值，然后单击"确定"按钮，如图 7-12 所示。

提示：如果要恢复列的默认宽度，则需要在"列宽"对话框中选中"标准宽度"复选框。

使用与调整列宽类似的方法也可以调整行高。与调整列宽不同的是，对行高的调整自动作用于表中的所有行，无法单独调整某一行的行高。调整行高有以下两种方法：

图 7-12　"列宽"对话框

- 将鼠标指针移动到两条记录开头的记录选择器之间的分隔线上，当鼠标指针变为上下箭头时按住鼠标左键向上或向下拖动，即可调整表中所有行的行高。在拖动过程中显示的横线表示当前拖动到的位置，如图 7-13 所示。
- 右击任意一条记录开头的记录选择器，在弹出的菜单中选择"行高"命令，打开"行高"对话框，在文本框中输入表示行高的数值，然后单击"确定"按钮，如图 7-14 所示。

图 7-13　拖动记录选择器之间的分隔线以调整行高　　**图 7-14　"行高"对话框**

提示：在改变字体大小时，行高会随字体的大小自动调整。

7.1.4 冻结列和隐藏列

当表中包含大量字段时，总会有一部分字段位于窗口的可见区域之外，只有拖动水平滚动条才能看到这些字段。与此同时，原来显示在窗口中的字段会被移出可见区域。使用"冻结"功能可以在滚动查看数据时使指定的字段始终显示在窗口的可见区域内。冻结字段有以下两种方法：

- 定位到要冻结的字段中的任意一个单元格，在功能区的"开始"选项卡中单击"其他"按钮，然后在弹出的菜单中选择"冻结字段"命令，如图 7-15 所示。
- 右击要冻结的字段的标题，在弹出的菜单中选择"冻结字段"命令，如图 7-16 所示。

图 7-15 选择功能区中的"冻结字段"命令

图 7-16 选择鼠标快捷菜单中的"冻结字段"命令

Access 会将冻结的列移动到表的最左侧，后冻结的列比先冻结的列位于更左侧的位置。如图 7-17 所示冻结了"名称"字段，无论如何水平滚动显示数据，"名称"字段中的数据始终显示在窗口中。

（a）　　　　　　　　　　　　　（b）

图 7-17 冻结"名称"列

取消冻结字段的方法与冻结字段类似，只需在弹出的菜单中选择"取消冻结所有字段"命令即可。需要注意的是，取消冻结后的列不会自动恢复到冻结前的位置，因此需要用户手动调整列的位置。

对于暂时不需要的字段，一种方法是将其删除，但是以后需要这些字段时还要重新创建并输入数据；另一种更好的方法是将字段隐藏起来，以后可以随时将字段重新显示出来，不会破坏字段中的数据。隐藏字段有以下几种方法：

- 定位到要隐藏的字段中的任意一个单元格，在功能区的"开始"选项卡中单击"其他"按钮，然后在弹出的菜单中选择"隐藏字段"命令。

- 右击要隐藏的字段的标题，在弹出的菜单中选择"隐藏字段"命令。
- 使用鼠标拖动两个字段之间的分隔线，将分隔线拖动到与前一个字段的分隔线重叠。
- 右击要隐藏的字段的标题，在弹出的菜单中选择"字段列宽"命令，然后在打开的对话框中将"列宽"设置为 0，如图 7-18 所示。

如图 7-19 所示隐藏了"商品编号""品类"和"单击以添加"3 个字段。

将隐藏的字段重新显示出来的方法与隐藏字段类似，只需在弹出的菜单中选择"取消隐藏字段"命令，打开"取消隐藏列"对话框，选中要显示的字段对应的复选框，然后单击"确定"按钮，如图 7-20 所示。

图 7-18　将列宽设置为 0 以隐藏字段　　图 7-19　隐藏指定的字段　　图 7-20　"取消隐藏列"对话框

提示：实际上也可以在"取消隐藏列"对话框中设置要隐藏的字段，只需在该对话框中取消选中要隐藏的字段对应的复选框，即可将这些字段隐藏起来。

7.1.5　设置网格线和背景色

6.1.4 节介绍的网格线的设置方法对所有在 Access 中新建和打开的表都有效。如果只想设置当前打开的表中的网格线，则可以在功能区的"开始"选项卡中单击"网格线"按钮，然后在弹出的菜单中选择以下 4 个选项之一，如图 7-21 所示。

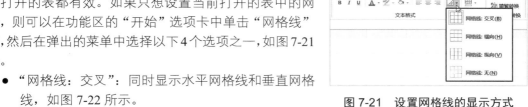

图 7-21　设置网格线的显示方式

- "网格线：交叉"：同时显示水平网格线和垂直网格线，如图 7-22 所示。
- "网格线：横向"：只显示水平网格线，如图 7-23 所示。
- "网格线：纵向"：只显示垂直网格线，如图 7-24 所示。
- "网格线：无"：不显示网格线，如图 7-25 所示。

图 7-22　显示所有网格线　　　　图 7-23　只显示水平网格线

图 7-24　只显示垂直网格线　　　　图 7-25　不显示网格线

为了更好地区分表中的奇数行和偶数行，Access 为它们设置了不同的背景色。用户可以根据个人喜好，使用"开始"选项卡中的"背景色"和"可选行颜色"两个按钮设置奇数行和偶数行的背景色，如图 7-26 所示。

图 7-26　"开始"选项卡中的"背景色"和"可选行颜色"按钮

- "背景色"按钮：单击"背景色"按钮，在打开的颜色列表中选择奇数行的颜色。
- "可选行颜色"按钮：单击"可选行颜色"按钮，在打开的颜色列表中选择偶数行的颜色。

如果要使表中的所有行具有相同的背景色，则可以单击"可选行颜色"按钮，然后在打开的下拉列表中选择"无颜色"，如图 7-27 所示。

如果要更改网格线的颜色，则需要在功能区的"开始"选项卡中单击"文本格式"组右下角的对话框启动器，打开"设置数据表格式"对话框，然后在"网格线颜色"下拉列表中选择网格线的颜色，如图 7-28 所示。在该对话框中还可以设置网格线的显示方式、奇数行和偶数行的背景色、单元格效果等选项，这些选项在前面的内容中都已介绍，此处不再赘述。

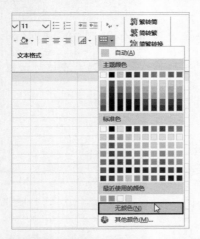

图 7-27　将偶数行的背景色设置为"无颜色"

图 7-28　"设置数据表格式"对话框

7.1.6　保存表布局的设置结果

当更改了表的外观格式后，关闭表时会显示如图 7-29 所示的提示信息。单击"是"按钮将保存对表的更改并关闭表，单击"否"按钮将不保存对表的更改并关闭表，单击"取消"按钮将返回数据表视图且不关闭表。

图 7-29　选择是否保存对表的外观格式所做的更改

7.2　排序数据

在 Access 表中对数据的排序分为升序和降序两种。单击或右击要排序的字段的标题，在弹出的菜单中选择"升序"或"降序"命令，即可对指定字段中的数据进行排序，如图 7-30 所示。

不同类型的数据使用不同的排序规则：

- "数字"数据类型的数据按照数值的大小进行排序。
- "文本"数据类型的数据按照文本的首字母顺序进行排序。

● "日期 / 时间"数据类型的数据按照日期 / 时间的先后进行排序。

如图 7-31 所示为对"单价"字段按照价格从高到低进行排序。排序后的字段标题上会显示一个表示排序状态的箭头，上箭头表示升序排序，下箭头表示降序排序。

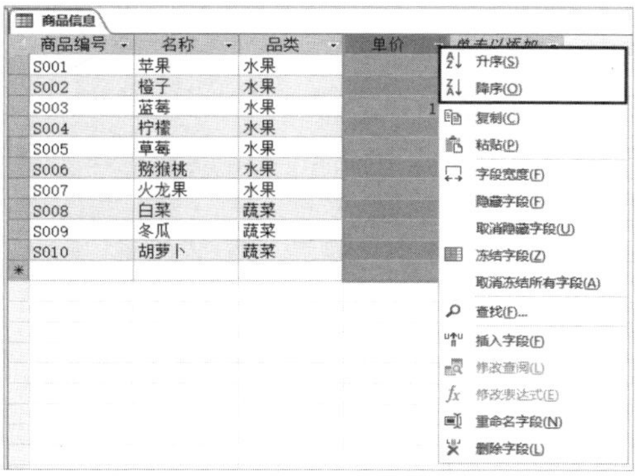

图 7-30　使用"升序"和"降序"命令对数据排序 　　图 7-31　按照价格从高到低进行排序

用户可以同时对多个字段进行排序，操作方法与排序单个字段类似，只是多字段排序分先后次序，后排序的字段作为首要排序条件。例如，同时对"品类"和"单价"进行排序，先对"单价"字段进行降序排序，然后对"品类"字段进行升序排序，排序后的结果是先按照品类的首字母顺序升序排序，对于品类相同的商品，再按照单价从高到低排序。

如果要恢复到排序前的状态，则可以在功能区的"开始"选项卡中单击"取消排序"按钮，此时，将清除当前表中所有字段的排序状态，如图 7-32 所示。

图 7-32　单击"取消排序"按钮恢复到排序前的状态

7.3　筛选数据

使用"筛选"功能可以在表中快速找到符合条件的记录，并隐藏其他不相关的记录。用户可以使用 3 种方法筛选表中的数据，即按所选内容筛选、使用筛选器筛选和按窗体筛选。本节将介绍 3 种筛选方式的操作方法。

7.3.1　按所选内容筛选

"按所选内容筛选"是指将鼠标指针所在单元格中的内容作为筛选条件来筛选表中的数据。按所选内容筛选有以下两种方法：

● 单击要作为筛选条件的单元格，然后在功能区的"开始"选项卡中单击"选择"按钮，在弹出的菜单中选择合适的命令。该菜单中包含的命令由鼠标指针所在单元格中的内容及其数据类型决定。

● 右击要作为筛选条件的单元格，在弹出的菜单中选择合适的命令。该菜单中包含的命令与第一种方法相同。

例如，如果鼠标指针所在单元格中的内容是"水果"，数据类型是"文本"，则在弹出的菜单中包含以下 4 个命令，双引号中的内容对应于单元格中的内容，如图 7-33 所示。

图 7-33　菜单中的筛选命令由单元格中的内容决定

- 等于"水果"。
- 不等于"水果"。
- 包含"水果"。
- 不包含"水果"。

假设选择"等于'水果'"命令，得到的筛选结果如图 7-34 所示，此时在表中只显示品类为"水果"的记录。在"品类"字段标题上会显示一个漏斗标记，以表示该字段当前处于筛选状态。

如果要删除为"品类"字段设置的筛选条件，则可以单击该字段标题上的三角按钮，在弹出的菜单中选择"从'品类'清除筛选器"命令，如图 7-35 所示。

图 7-34　"按所选内容筛选"的筛选结果　　　图 7-35　选择"从'品类'清除筛选器"命令

另外，可以在不删除筛选条件的情况下随时在筛选前和筛选后两种状态之间切换，有以下两种方法：

- 在功能区的"开始"选项卡中反复单击"切换筛选"按钮，如图 7-36 所示。
- 在数据区域下方的工具栏中反复单击搜索框左侧的按钮，当数据处于筛选状态时该按钮显示为"已筛选"，否则显示为"未筛选"，如图 7-37 所示。

图 7-36　单击"切换筛选"按钮　　　　图 7-37　使用工具栏中的按钮切换筛选状态

提示：上面介绍的删除筛选条件和切换显示筛选数据的方法也同样适用于后面介绍的其他两种筛选方式。

7.3.2　使用筛选器筛选

与"按所选内容筛选"相比，"使用筛选器筛选"是更加灵活的筛选方式，它为不同类型的数据提供了相应的筛选选项。单击要筛选的字段标题上的三角按钮，在弹出的菜单中通过选中或取消选中复选框设置筛选条件，如图 7-38 所示。

根据字段的数据类型，在单击字段标题上的三角按钮所打开的下拉列表中会包含"文本筛选器""数字筛选器"和"日期筛选器"中的一个命令。无论选择哪个命令，都可以在弹出的子菜单中选择一种筛选条件，然后设置条件值。

如图 7-39 所示为在"单价"字段中选择"数字筛选器"|"大于"命令，然后在打开的对话框中设置条件值，例如设置为 6，表示筛选出单价不低于 6 的记录，如图 7-40 所示。单击"确定"

按钮，将在表中显示单价大于或等于 6 的商品记录，如图 7-41 所示。

图 7-38　通过选中或取消选中复选框设置筛选条件

图 7-39　选择"大于"命令

图 7-40　设置筛选的条件值

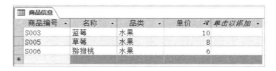

图 7-41　筛选结果

可以使用类似的方法在一个表中同时对多个字段进行筛选。如果要删除为多个字段设置的筛选条件，则可以在功能区的"开始"选项卡中单击"高级"按钮，然后在弹出的菜单中选择"清除所有筛选器"命令，如图 7-42 所示。

图 7-42　删除为多个字段设置的筛选条件

7.3.3　按窗体筛选

"按窗体筛选"是 Access 提供的另一种筛选方式。在功能区的"开始"选项卡中单击"高级"按钮，然后在弹出的菜单中选择"按窗体筛选"命令，打开的窗口名称以"表名＋按窗体筛选"格式显示，例如此处为"商品信息：按窗体筛选"。

在窗口的下方包含"查找"和"或"两个选项卡，现在暂时只能在"查找"选项卡中操作。与表的外观类似，在顶部的行中显示了表中的各个字段，在第二行的单元格中单击，将在单元格中显示下拉按钮，单击下拉按钮并从打开的列表中选择要设置的筛选条件，如图 7-43 所示。

图 7-43　按窗体筛选

提示： 在"按窗体筛选"时，可以在放置筛选条件的单元格中输入表达式，从而构建复杂的筛选条件。表达式的更多内容将在第 9 章进行介绍。

为任意一个字段设置筛选条件后，窗口下方的"或"选项卡将变为可用状态。该选项卡中的布局与"查找"选项卡完全相同，用户可以使用"或"选项卡设置第二个筛选条件。在"或"选项卡中设置至少一个条件后，Access 会自动新增一个"或"选项卡，这样可以设置更多的条件，如图 7-44 所示。如果在多个选项卡中设置了筛选条件，则只要满足其中一个选项卡中的条件，数据就会被筛选出来。

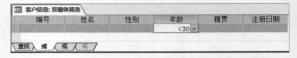

图 7-44　使用"或"选项卡添加更多的筛选条件

设置好所需的筛选条件后，在功能区的"开始"选项卡中单击"高级"的按钮，然后在弹出的菜单中选择"应用筛选／排序"命令，即可按照在所有选项卡中设置的条件对表中的数据进行筛选。如果存在多余的选项卡，则可以切换到该选项卡，然后单击"高级"按钮并选择"删除选项卡"命令，将多余的选项卡删除。

7.4　打印数据

用户通常不会直接在数据表视图下打印表中的数据，而是通过设计报表以特定的格式进行打印。当然，如果用户愿意，仍然可以直接打印数据表视图中的数据。为表设置的布局格式会按照原样打印到纸张上，包括为数据设置的字体格式和对齐方式、排序后的字段、设置的列宽和行高、设置的网格线和背景色等。如果隐藏了某些列，则不会打印这些列。

在将数据打印到纸张之前，可以先在 Access 中预览打印效果。单击"文件"按钮并选择"打印"命令，在进入的界面中选择"打印预览"命令，如图 7-45 所示。

在窗口中将显示数据的打印效果，在功能区中将显示"打印预览"选项卡，如图 7-46 所示。用户可以使用该选项卡中的命令修改与打印相关的选项，包括纸张尺寸、纸张方向、页边距、单双页或多页打印等。

图 7-45　选择"打印预览"命令

如果打印效果预览无误，则可以单击功能区中的"打印"按钮，打开如图 7-47 所示的"打印"对话框，进行打印前的最后设置，包括选择打印机、设置打印的页面范围、设置打印的文件份数等。最后单击"确定"按钮开始打印。

图 7-46　预览打印效果

图 7-47　"打印"对话框

第 8 章
创建不同类型的查询

第 1 章曾对 Access 中的查询进行过简单的介绍，本章将介绍在创建查询之前需要了解的概念和知识，以及创建和设计查询的具体方法，内容包括查询的定义和类型、创建和设计查询时使用的视图和工具、创建查询的基本流程、在查询设计器中设计查询、创建不同类型的查询等。

8.1 查询简介

在开始创建查询之前首先需要了解查询的基本概念，了解这些内容有助于创建和使用查询。

8.1.1 什么是查询

在 Access 中创建查询的目的是为了对一个或多个表中的数据执行操作，一部分操作不会破坏表中的数据，例如从表中获取符合条件的记录、创建包含指定记录的新表、汇总计算符合条件的数据等；另一部分操作将会直接改变表中的数据，例如在表中添加和删除记录、更新表中的数据等。

可以将"查询"看作一个提出问题和解答问题的过程。在"提出问题"阶段，需要考虑要对数据执行哪些操作，这些操作的目的是什么？例如，可能要查看符合指定条件的记录，也可能要在表中添加、修改或删除记录。在"解答问题"阶段，将根据提出的问题设计查询。查询的设计工作主要是对查询的一系列选项进行设置，这些选项是一些用户指定的条件，以告知 Access 要对记录做哪些限制和操作。在设计好查询后，需要运行查询才能对数据执行指定的操作，从而得到问题的答案。用户可以将创建好的查询保存在数据库中，以便于以后重复使用。

查询是 Access 数据库中的一种对象，适用于"表"对象的基本操作也适用于查询，例如打开、保存、另存、关闭、重命名、复制、删除等操作。对于返回数据记录的查询来说，在查询中并不会存储任何数据，而只是显示来自一个或多个表中的数据。如果创建的查询需要从多个表中获取数据，则需要预先为这些表创建关系，否则无法得到想要的结果。

8.1.2 查询的类型

用户可以在 Access 中创建不同类型和用途的查询。"选择查询"可以返回符合特定条件的数据，并可将这些数据显示在窗体和报表中，这样就可以有选择性地显示特定的数据，而非表中的所有数据。"选择查询"不会破坏表中的原有数据。"动作查询"包括更新查询、追加查询、生成表查询和删除查询等，这类查询可以对数据执行特定的操作且无法撤销，例如添加、修改、删除等。"动作查询"会改变表中的原有数据。此外，在 Access 中还包括一些具有特殊功能的查询，例如对数据进行汇总计算的查询、返回指定记录数的查询等。

为了避免误操作并保护数据的安全，在打开不在受信任位置上的数据库时，Access 默认将阻止运行数据库中的所有"动作查询"。此时如果运行某个动作查询，则将在 Access 窗口底部的状态栏中显示警告信息，如图 8-1 所示，只有单击"启用内容"按钮才能解除运行限制。

图 8-1　Access 默认阻止运行动作查询并显示警告信息

8.1.3　查询的 3 种视图

Access 为创建、编辑和运行查询提供了以下 3 种视图。

- 设计视图：其功能类似于表的设计视图，在查询的设计视图中设置查询的相关选项，包括要在查询结果中显示的字段、字段的显示顺序、返回记录的限定条件、字段值的排序和汇总方式等。

- 数据表视图：与表的数据表视图类似，运行查询后返回的结果显示在数据表视图中。由于"选择查询"返回的是一个或多个表中符合指定条件的一组记录，所以可将返回的结果称为"记录集"。

- SQL 视图：在 SQL 视图中可以输入特定的语句来创建查询。SQL（Structured Query Language）是结构化查询语言，通过输入符合 SQL 语法的语句来操作数据库中的数据。在设计视图中使用界面命令和选项创建的查询，在运行时实际上执行的是相应的 SQL 语句。

查询设计器是对设计视图中提供的操作环境和设计工具的一个概括性描述。切换到查询的设计视图就等于打开了查询设计器，此时将在功能区中激活"查询工具 | 设计"选项卡，其中包含设计查询时需要使用的命令，如图 8-2 所示。

图 8-2　"查询工具 | 设计"选项卡

查询设计器由上、下两个部分组成，如图 8-3 所示。上半部分的外观类似于创建表关系时打开的"关系"窗口，在这里打开要在查询中出现的字段所属的表，然后将表中的字段添加到查询中，即可在查询结果中包含所需的字段。下半部分由多行多列组成，将这些行和列构成的区域称为"查询设计网格"，设计查询的操作就是在一列或多列中放置不同的字段，并在各行中为这些字段设置相应的选项，最终构成

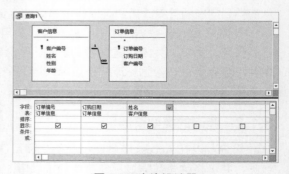

图 8-3　查询设计器

复杂的查询条件。

8.2 创建查询的基本流程

在 Access 中创建查询有 3 种方式，即使用查询向导、查询设计器和 SQL 语句。本节将介绍使用查询设计器创建查询的基本流程，使读者从整体上了解查询的创建过程。

8.2.1 打开查询设计器并添加表

在查询设计器中创建查询之前需要先打开查询设计器，即进入查询的设计视图，有以下几种方法：

- 如果要创建新的查询，则可以在功能区的"创建"选项卡中单击"查询设计"按钮，如图 8-4 所示。
- 如果要修改现有的查询，则可以在导航窗格中右击该查询，然后在弹出的菜单中选择"设计视图"命令。
- 如果当前正在数据表视图中显示查询的结果，则可以单击 Access 窗口状态栏中的"设计视图"按钮 ，或者在功能区的"开始"选项卡中单击"视图"按钮上的下拉按钮，然后在弹出的菜单中选择"设计视图"命令，如图 8-5 所示。

图 8-4 单击"查询设计"按钮创建新的查询　　图 8-5 选择"设计视图"命令

由于在查询结果中包含一个或多个字段，所以设计查询的首要任务是将所需的一个或多个表添加到查询设计器中。在打开查询设计器时将自动打开"显示表"对话框，从中选择要添加的表并单击"添加"按钮，也可以直接双击表。如果没有显示该对话框，则可以在功能区的"查询工具 | 设计"选项卡中单击"添加表"按钮，如图 8-6 所示。

在"显示表"对话框中不仅可以选择表，还可以选择现有的查询，这意味着查询结果中可以同时包含来自表和其他查询中的字段。在"显示表"对话框中选择和添加表的方法与在创建表关系时打开的"显示表"对话框中的操作方法完全相同。

在将所需的表添加到查询设计器后，单击"显示表"对话框中的"关闭"按钮将其关闭，此时会在查询设计器的上半部分显示已添加的表，每个表显示在一个独立的小窗口中，其中显示了表中包含的所有字段，如图 8-7 所示。

图 8-6 单击"添加表"按钮　　图 8-7 添加到查询设计器中的表及其中包含的字段

8.2.2　设计查询

在将所需的表添加到查询设计器之后，接下来就可以设置查询
的相关选项了。首先在查询设计网格中添加要在查询结果中显示的
字段。在查询设计网格中单击"字段"行中的第一个单元格，然后
单击该单元格中的下拉按钮，在打开的下拉列表中选择一个字段，
如图 8-8 所示。

图 8-8　选择要在查询结果
中显示的字段

使用类似的方法，将要在查询结果中显示的其他字段依次添加
到"字段"行的其他单元格中，如图 8-9 所示。

接下来在"条件"行中为字段设置条件，以便只返回符合指定条件的数据。假设此处只想
返回"商品信息"表中品类为"水果"的商品信息，则需要在查询设计网格中的"品类"字段
所在的列与"条件"行交叉处的单元格中输入"水果"，如图 8-10 所示。

图 8-9　添加所需的其他字段

图 8-10　设置查询的条件

提示：由于"品类"字段的数据类型是文本，所以在该字段的"条件"行中输入内容后，
Access 会自动在输入的内容两侧添加一对双引号。

如果对其他字段也有限制条件，则可以使用类似的方法为它们设置条件。

8.2.3　运行查询

在完成查询的设计后，需要运行查询来得到结果。运行查询有以下两种方法：
- 在功能区的"查询工具 | 设计"选项卡中单击"运行"按钮，如图 8-11 所示。
- 单击 Access 窗口状态栏中的"数据表视图"按钮▦。

运行查询后，将自动切换到数据表视图并显示查询结果，其中的字段显示顺序就是在查询
设计网格中设置的字段顺序，如图 8-12 所示。

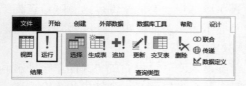

图 8-11　单击"运行"按钮

图 8-12　运行查询后返回结果

8.2.4　保存查询

为了使创建的查询在以后可以重复使用，需要将查询保存到数据库中，有以下几种方法：
- 右击"查询"窗口中的选项卡标签，在弹出的菜单中选择"保存"命令，如图 8-13 所示。
- 单击快速访问工具栏中的"保存"按钮。
- 单击"文件"按钮并选择"保存"命令。
- 按 Ctrl+S 快捷键。

无论使用哪种方法，都将打开"另存为"对话框，在文本框中输入查询的名称，然后单击"确定"按钮，即可将查询结果保存到当前数据库中，如图 8-14 所示。

图 8-13　选择"保存"命令

图 8-14　输入查询的名称

以后打开包含查询的数据库时，在导航窗格中双击查询即可运行并返回结果，也可以在设计视图中打开查询并对其进行修改。

8.3　在查询设计器中设计查询

查询的设计过程包括以下两个部分。

- 添加数据源：添加要在查询中显示的字段所属的表或查询，然后将表或查询中的字段添加到当前正在设计的查询中。
- 设置查询选项：在查询设计网格中设置查询。

本节将对两个部分涉及的具体操作进行详细说明。

8.3.1　在查询中添加表

在查询结果中显示的字段可以来自于一个表、多个表或查询，也可以同时来自于表和查询。8.2.1 节中介绍过在查询中添加一个表的方法，在查询中添加多个表的方法与此类似，与创建表关系时在"关系"窗口中添加表的方法相同，具体操作请参考 5.2.2 节，此处不再赘述。

如果在查询设计器中添加了多个表，并且已经为这些表创建了关系，则会自动显示表关系的连接线，如图 8-15 所示。

如果在添加的多个表之间没有创建关系，则需要在查询设计器中手动为这些表创建临时关系，否则在查询结果中无法得到预期的数据。

在查询设计器中为两个表创建临时关系的方法很简单，只需将一个表中的特定字段拖动到另一个表中的特定字段上即可。与一对多关系的连接线两端显示 1 和无穷符号不同，临时关系的连接线两端不显示任何符号，如图 8-16 所示。

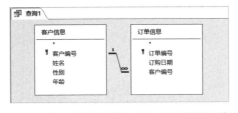

图 8-15　在查询设计器中显示表关系的连接线

图 8-16　在查询设计器中为两个表创建临时关系

当添加到查询设计器中的两个表同时满足以下几个条件时，Access 将自动为它们创建临时关系：

- 在两个表中包含名称相同的字段。
- 同名字段的数据类型相同。

- 同名字段之一是表的主键。

在上面为"客户信息"和"订单信息"两个表创建的临时关系中，"客户编号"字段符合以上 3 个条件。首先，在两个表中都有一个"客户编号"字段，满足第一个条件；其次，两个表中的"客户编号"字段都是"文本"数据类型，满足第二个条件；最后，"客户编号"字段是"客户信息"表的主键，满足第三个条件。

8.3.2 添加和删除字段

在将表添加到查询设计器后，接下来需要决定在查询结果中显示哪些字段，然后才能对这些字段进行更多设置。在查询设计网格中单击"字段"行中的某个单元格，然后单击单元格中的下拉按钮，在打开的下拉列表中选择所需的字段。如果查询设计器中只有一个表，则在下拉列表中的字段以表中的原始名称显示，如图 8-17 所示。

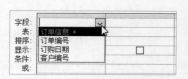

图 8-17　查询设计器中只有一个表时字段的名称按原样显示

提示：用户可以从查询设计器上半部分的表窗口中将字段直接拖动到查询设计网格中，也可以将字段添加到查询中。

如果在查询设计器中添加了两个或多个表，则在查询设计网格中打开字段的下拉列表时，每个字段名称的开头会自动添加表名和一个英文句点，以免两个表中因包含同名字段而出现混淆，如图 8-18 所示。

在"字段"下拉列表中包含一个或多个以星号（*）结尾的字段名称，例如"客户信息 .*"和"订单信息 .*"，这类名称表示表中的所有字段。如果将其添加到查询设计网格中，虽然添加后仅占用一列，但是在运行查询时会返回指定表中的所有字段，如图 8-19 所示。

图 8-18　每个字段的名称由表名和字段名组成

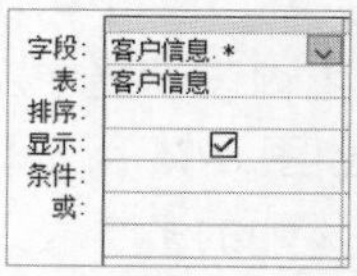

图 8-19　添加指定表中所有字段的快捷方法

如果表中包含大量的字段，则在查询设计网格的"字段"下拉列表中选择特定的字段会变得困难，此时可以先在查询设计网格的"表"行中选择字段所属的表，将字段的范围限定在一个表中，然后在"字段"行中选择指定表中的字段，如图 8-20 所示。

如果在查询设计网格中添加了错误的字段，则可以使用以下几种方法将其删除：

- 单击要删除的字段所在的列，然后在功能区的"查询工具 | 设计"选项卡中单击"删除列"按钮，如图 8-21 所示。

图 8-20　添加字段之前先选择指定的表

图 8-21　单击"删除列"按钮

- 将鼠标指针移动到查询设计网格中想要删除的字段所在列的顶部灰色区域中，当鼠标指针变为下箭头时单击，将选中该字段所在的列，然后按 Delete 键即可，如图 8-22 所示。

- 右击要删除的字段顶部的灰色区域，然后在弹出的菜单中选择"剪切"命令，如图 8-23 所示。
- 在"字段"行中选择要删除的字段名称，然后按 Delete 键。

图 8-22　选择字段所在的列

图 8-23　选择"剪切"命令

8.3.3　调整字段的排列顺序

在查询设计网格中添加多个字段后可以调整字段的排列顺序，从而控制字段在查询结果中的显示顺序。调整字段排列顺序的操作步骤如下：

（1）将鼠标指针移动到要调整位置的字段所在列的顶部灰色区域中，当鼠标指针变为下箭头时单击，选中该字段所在的列，如图 8-24 所示。

（a）　　　　　　　　　　　　　（b）

图 8-24　选择要移动的字段列

（2）将鼠标指针移动到选区上，当鼠标指针变为白色的左箭头时，按住鼠标左键并将字段列拖动到所需的位置，如图 8-25 所示。

（a）　　　　　　　　　　　　　（b）

图 8-25　调整字段的排列顺序

提示： 在拖动过程中显示的粗线表示当前将字段列移动到的位置，如图 8-26 所示。

图 8-26　粗线表示当前将字段列移动到的位置

8.3.4　设置字段值的排序方式

在设计查询时，用户可以指定查询结果中的数据排序方式。例如，如果要按照订购日期从早到晚的顺序显示订单记录，则可以在查询设计器中为"订购日期"字段设置排序方式。只需在查询设计网格中单击该字段所在的"排序"行中的单元格，然后单击单元格中的下拉按钮，在打开的下拉列表中选择"升序"即可，如图 8-27 所示。

如图 8-28 所示为按照订购日期排序时查询的运行结果，订单记录按照订购日期从早到晚排列。

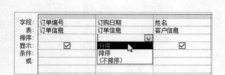

图 8-27　设置字段的排序方式　　　　图 8-28　查询结果中的记录按照指定顺序排列

8.3.5　设置一个或多个条件

用户可以使用查询设计网格中的"条件"行为字段设置条件，只有符合条件的数据才会显示在查询结果中，这样就可以根据实际需要在查询结果中只显示符合特定要求的数据。

为字段设置的条件可以是一个简单的值，也可以是一个复杂的表达式，条件的复杂程度取决于用户对在查询结果中显示的数据的限制程度。下面将介绍不同情况下的条件的设置方法。

1．为单个字段设置条件

最简单的条件是只为一个字段设置条件，并且条件只是一个简单的值。正如读者在 8.2.2 节看到的，在查询设计网格中添加了"商品信息"表中的"品类"字段，并在该字段的"条件"行中输入"水果"，此时相当于告诉 Access 在查询结果中只显示"品类"字段的值是"水果"的记录。

为单个字段设置更加复杂的条件需要使用表达式。例如，要在查询结果中显示年龄在25 ~ 35 岁的客户信息，操作步骤如下：

（1）打开查询设计器，在其中添加"客户信息"表。

（2）在查询设计网格中添加"姓名""性别"和"年龄"3个字段，在"年龄"字段的"条件"行中输入以下条件，如图 8-29 所示。

图 8-29　为"年龄"字段设置条件

```
>=25 And <=35
```

提示：And 是一个逻辑运算符，当 And 两侧的内容都成立时整个表达式才成立。运算符和表达式的更多内容将在第 9 章进行介绍。

（3）在功能区的"查询工具|设计"选项卡中单击"运行"按钮，运行查询后返回的结果如图 8-30所示。按 Ctrl+S 快捷键，以"为单个字段设置条件"为名称保存该查询，如图 8-31 所示。

图 8-30　查询结果　　　　　　　　图 8-31　保存查询

2．为多个字段设置同时满足多个条件

为了应对更加复杂的业务需求，有时可能需要为多个字段设置条件。例如，要在查询结果中显示品类为"水果"且单价在 3 ～ 6 元的商品记录，操作步骤如下：

（1）打开查询设计器，在其中添加"客户信息"表。

（2）在查询设计网格中添加"名称""品类"和"单价"3 个字段，在"品类"字段和"单价"字段的"条件"行中分别输入以下条件，如图 8-32 所示。

```
"品类"字段的条件："水果"
"单价"字段的条件：>=3 And <=6
```

（3）在功能区的"查询工具 | 设计"选项卡中单击"运行"按钮，运行查询后返回的结果如图 8-33 所示。按 Ctrl+S 快捷键，以"为多个字段设置同时满足多个条件"为名称保存该查询。

图 8-32　为"品类"字段和"单价"字段设置条件　　　　图 8-33　查询结果

3．为多个字段设置只满足多个条件之一

为多个字段设置条件的另一种情况是只要符合多个条件之一即可，而非满足所有条件。例如，要在查询结果中显示品类为"蔬菜"或者单价在 3 ～ 6 元的商品记录，操作步骤如下：

（1）打开查询设计器，在其中添加"客户信息"表。

（2）在查询设计网格中添加"名称""品类"和"单价"3 个字段，为"品类"字段和"单价"字段分别输入以下条件，注意需要将两个条件分别放置在"条件"行和"或"行中，如图 8-34 所示。

```
"品类"字段的条件："蔬菜"
"单价"字段的条件：>=3 And <=6
```

（3）在功能区的"查询工具 | 设计"选项卡中单击"运行"按钮，运行查询后返回的结果如图 8-35 所示。按 Ctrl+S 快捷键，以"为多个字段设置只满足多个条件之一"为名称保存该查询。

图 8-34　为"品类"字段和"单价"字段设置条件　　　　图 8-35　查询结果

8.3.6　更改表的联接类型

第 5 章曾介绍过表关系的联接类型，它决定了从建立关系的两个表中返回记录的方式。联接类型有 3 种，即内部联接、左外部联接和右外部联接。由于一对多关系中的两个表分为父表和子表，所以在记录匹配方式上就有了左外部联接和右外部联接。

查询返回的记录默认使用内部联接，这种联接类型只包括两个表中的匹配记录，不包括不相关的记录。无论是在创建查询前就已经为两个表创建了关系，还是在查询设计器中手动为两

个表创建临时关系，都可以在查询设计器中更改表的联接类型，操作步骤如下：

（1）打开查询设计器，在其中添加相关的两个表。

（2）如果还没有为两个表创建关系，则可以在查询设计器中手动为两个表创建临时关系，或者由 Access 自动检测并创建临时关系。

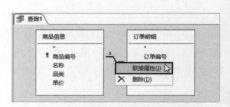

（3）双击两个表之间的连接线，或者右击连接线并在弹出的菜单中选择"联接属性"命令，如图 8-36 所示。

（4）打开"联接属性"对话框，从中选择所需的联接类型，例如选择编号为 2 的左外部联接，然后单击"确定"按钮，如图 8-37 所示。

图 8-36　选择"联接属性"命令

（5）返回查询设计器，两个表之间的连接线的一端将出现一个箭头，如图 8-38 所示。运行查询后，在查询结果中除了包括两个表之间的所有匹配记录之外，还包括父表中的其他记录。

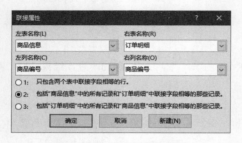

图 8-37　选择联接类型

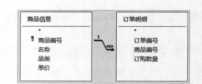

图 8-38　更改为左外部联接后的连接线

8.3.7　设置字段在查询结果中的显示状态

在查询设计网格中有一个名为"显示"的行，在该行中可以设置添加到查询设计网格中的字段最终是否显示在查询结果中，如图 8-39 所示。选中"显示"行中的复选框，相应的字段将显示在查询结果中；取消选中该复选框，相应的字段将不会显示在查询结果中。

图 8-39　"显示"行中的复选框可以控制字段
是否显示在查询结果中

"显示"行中的复选框只影响字段的显示状态，不影响为字段设置的其他查询选项。这意味着即使取消选中字段在"显示"行中的复选框，只要在查询设计网格中为该字段设置了其他选项，则该字段的这些选项仍然会对最终返回的查询结果产生影响。

8.4　创建查询

本章前面介绍的查询都是"选择查询"，本节将介绍"动作查询"类型中常见查询的创建方法，包括更新查询、追加查询、生成表查询和删除查询等，每一种查询都执行一种特定的操作。此外，本节还将介绍总计查询的创建方法。需要注意的是，用户不能撤销"动作查询"执行的操作，因此在运行"动作查询"之前应该对要操作的表进行备份。

8.4.1　创建更新查询

"更新查询"可以更改现有记录中的数据，包括对数据的添加、修改和删除等操作，但是不能在表中添加新记录或删除现有记录。更新查询的功能类似于 Access 中的"替换",但是更新查询拥有更强大的功能,主要体现在以下几个方面:

- 更新查询可以一次性更新大量的记录。
- 更新查询可以一次性更改多个表中的记录。
- 在更新查询中设置的条件与要替换的值无关。

在使用更新查询时并非可以更新所有类型的字段,表 8-1 列出了其无法更新的字段类型。

表 8-1 更新查询无法更新的字段类型

字段类型	说 明
自动编号字段	"自动编号"数据类型的字段由 Access 维护,更新查询无法更改该类型字段中的值
表关系中的主键字段	如果在表关系设置中没有启用"级联更新相关字段",则更新查询将无法更新设置了表关系的表中的主键字段
计算字段	由于计算字段临时存储在内存中,所以无法更新计算字段
总计查询和交叉表查询中的字段	与计算字段类似,这两类查询中的值是通过计算得到的,因此更新查询无法对它们进行更新
唯一值查询和唯一记录查询中的字段	这类查询中的值是汇总值,其中的某些值表示单条记录,而其他值表示多条记录,由于无法确定哪些记录被作为重复值排除,因此更新查询无法对它们进行更新
联合查询中的字段	由于多个数据源中的每条记录在联合查询中只出现一次,发生重复的记录已被移除,所以更新查询无法对各个数据源中的重复记录进行更新

在创建更新查询时需要先创建一个选择查询,其中包含要更新的记录,然后将创建好的选择查询转换为更新查询并设置更新,最后运行更新查询对符合条件的值进行更新。

图 8-40 要使用更新查询操作的表

如图 8-40 所示,创建一个更新查询,将"商品信息"表的"品类"字段中的所有"果蔬"改为"水果",操作步骤如下:

(1)打开查询设计器,在其中添加"商品信息"表。

(2)在查询设计网格中添加"品类"字段,然后在该字段的"条件"行中输入"果蔬",如图 8-41 所示。

(3)在功能区的"查询工具|设计"选项卡中单击"更新"按钮,将当前查询转换为更新查询,如图 8-42 所示。

图 8-41 为"品类"字段设置条件

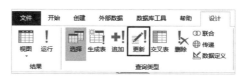

图 8-42 单击"更新"按钮

提示: 在将当前查询转换为更新查询之前,可以先运行查询检测一下返回的结果是否正确。

（4）在查询设计网格中新增了"更新为"行，但是删除了"排序"和"显示"行。由于本例要将"品类"字段中的"果蔬"更改为"水果"，所以需要在"品类"字段的"更新为"行中输入"水果"，如图 8-43 所示。

图 8-43　设置更新查询的条件

（5）在功能区的"查询工具|设计"选项卡中单击"运行"按钮，打开如图 8-44 所示的对话框，单击"是"按钮，即可运行更新查询，结果如图 8-45 所示。最后以"更新查询"为名称保存该查询。

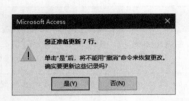

图 8-44　更新数据前的确认信息

图 8-45　更新查询的运行结果

8.4.2　创建追加查询

"追加查询"可以将当前数据库的一个或多个表中的记录添加到当前数据库或其他数据库的指定表中，快速将不同位置上的多条记录合并到一起。

追加查询涉及的两个表中的字段必须匹配，如果字段数量不同，则只会在匹配的字段中追加数据，而多出的字段将留空。例如，包含追加记录的表有 6 个字段，另一个接受追加记录的表有 8 个字段，如果两个表中有 3 个字段相匹配，则在运行追加查询后，包含 8 个字段的表中只有 3 个字段被追加了数据，而其他 5 个字段留空。

在创建追加查询时需要先创建一个选择查询，其中包含要追加的记录，然后将创建好的选择查询转换为追加查询，并选择接受追加记录的表，还需要为追加查询中的每一列选择目标字段，最后运行追加查询将指定的记录添加到目标表中。

如图 8-46 所示，创建一个追加查询，将"水果类"和"蔬菜类"两个表中的记录添加到"全品类"表中，操作步骤如下：

（a）　　　　　　　　　　　　　　　　　　（b）

图 8-46　要追加记录的两个表

（1）追加"水果类"表中的记录，打开查询设计器，在其中添加"水果类"表。

（2）由于要将"水果类"表中的所有记录和所有字段添加到"全品类"表中，所以在查询设计网格中需要添加带有星号（*）的字段，即"水果类.*"，如图 8-47 所示。

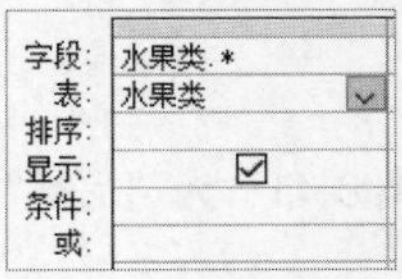

（3）在功能区的"查询工具|设计"选项卡中单击"追加"按钮，将当前查询转换为追加查询，如图 8-48 所示。

（4）打开"追加"对话框，选中"当前数据库"单选按钮，

图 8-47　添加带有星号的字段

在"表名称"下拉列表中选择接受追加记录的表，本例为"全品类"，然后单击"确定"按钮，如图 8-49 所示。

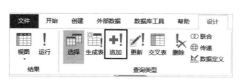

图 8-48 单击"追加"按钮

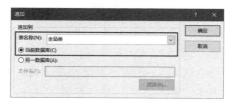

图 8-49 选择接受追加记录的表

（5）在查询设计网格中自动添加了"追加到"行，并在其中输入了带有星号的字段名，字段名中的表名就是在第（4）步中选择的表，如图 8-50 所示。

（6）在功能区的"查询工具 | 设计"选项卡中单击"运行"按钮，在打开的对话框中单击"是"按钮，即可运行追加查询，将"水果类"表中的所有记录添加到"全品类"表中，如图 8-51 所示。按 Ctrl+S 快捷键，以"追加查询 - 水果类"为名称保存该查询。

图 8-50 设置"追加到"选项

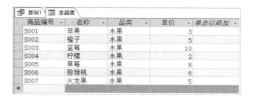

图 8-51 追加查询的运行结果

（7）追加"蔬菜类"表中的记录。新建一个查询，将"蔬菜类"表添加到查询设计器，然后在查询设计网格中添加带有星号（*）的字段，即"蔬菜类 .*"，如图 8-52 所示。后续操作与追加"水果类"表基本相同，此处不再赘述。运行该查询后的结果如图 8-53 所示，将"蔬菜类"表中的所有记录添加到"全品类"表中。最后以"追加查询 - 蔬菜类"为名称保存该查询。

图 8-52 添加带有星号的字段

图 8-53 追加查询的运行结果

注意： 在运行追加查询时可能会显示类似图 8-54 所示的出错信息，出现这种问题通常是由于要追加记录的表中的主键字段的值与接受追加记录的表中的主键字段的值出现重复，解决方法是修改任意一个表中的主键字段的值以避免重复。

图 8-54 追加查询的出错信息

8.4.3　创建生成表查询

"生成表查询"可以将指定的记录保存到一个新表，可以将其看作追加查询的逆向操作。在创建生成表查询时需要先创建一个选择查询，其中包含要添加到新表中的记录，然后将创建好的选择查询转换为生成表查询，并设置新表的名称和存储位置，最后运行生成表查询创建新表，并将指定的记录添加到新表中。

如图 8-55 所示，创建一个生成表查询，将"商品信息"表中的记录按照"水果"和"蔬菜"两个类别拆分到两个表中，操作步骤如下：

（1）打开查询设计器，在其中添加"商品信息"表。

（2）在查询设计网格中添加"商品信息.*"字段，然后添加一个"品类"字段，在该字段的"条件"行中输入"水果"，并取消选中该字段的"显示"行中的复选框，如图 8-56 所示。

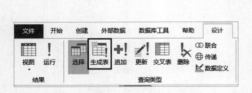

图 8-55　要拆分的表中的记录　　　　图 8-56　为"品类"字段设置条件

提示：添加"商品信息.*"字段是一种添加表中所有字段的快捷方式，它等同于逐一添加"商品信息"表中的每一个字段。

（3）在功能区的"查询工具 | 设计"选项卡中单击"生成表"按钮，将当前查询转换为生成表查询，如图 8-57 所示。

（4）打开"生成表"对话框，选中"当前数据库"单选按钮，在"表名称"文本框中输入新表的名称，本例为"水果类"，然后单击"确定"按钮，如图 8-58 所示。

图 8-57　单击"生成表"按钮　　　　图 8-58　设置新表的名称和存储位置

（5）在功能区的"查询工具 | 设计"选项卡中单击"运行"按钮，在打开的对话框中单击"是"按钮，即可运行追加查询，将"商品信息"表中品类为"水果"的所有记录添加到新建的名为"水果类"的表中，如图 8-59 所示。

（6）同理创建"蔬菜类"表，将"商品信息"表中品类为"蔬菜"的所有记录添加到新建的名为"蔬菜类"的表中。其操作过程与前面介绍的第（1）～（5）步基本相同，只需在"品类"字段的"条件"行中输入"蔬菜"，并在"生成表"对话框中将新表的名称设置为"蔬菜类"，其他操作没有区别，此处不再赘述，运行该查询后的结果如图 8-60 所示。最后以"生成表查询 - 水果类"和"生成表查询 - 蔬菜类"为名称分别保存创建好的两个查询。

商品编号	名称	品类	单价
S001	苹果	水果	3
S002	橙子	水果	5
S003	蓝莓	水果	10
S004	柠檬	水果	2
S005	草莓	水果	8
S006	猕猴桃	水果	6
S007	火龙果	水果	5

图 8-59　生成表查询的运行结果

商品编号	名称	品类	单价
S008	白菜	蔬菜	2
S009	冬瓜	蔬菜	3
S010	胡萝卜	蔬菜	1

图 8-60　拆分记录后创建的第二个表

8.4.4　创建删除查询

"删除查询"可以删除当前数据库的一个或多个表中符合指定条件的记录。如果要使用删除查询删除一对多关系中的父表及其子表中的相关记录，则需要在表关系设置中启用"级联删除相关记录"。如果只删除父表中的记录，而保留子表中的相关记录，则需要先删除两个表之间的关系。

在创建删除查询时需要先创建一个选择查询，其中包含要删除的记录，然后将创建好的选择查询转换为删除查询，最后运行删除查询将表中所有符合条件的记录删除。

如图 8-61 所示，创建一个删除查询，将"商品信息"表中品类为"蔬菜"的所有记录删除，操作步骤如下：

商品编号	名称	品类	单价	单击以添加
S001	苹果	水果	3	
S002	橙子	水果	5	
S003	蓝莓	水果	10	
S004	柠檬	水果	2	
S005	草莓	水果	8	
S006	猕猴桃	水果	6	
S007	火龙果	水果	5	
S008	白菜	蔬菜	2	
S009	冬瓜	蔬菜	3	
S010	胡萝卜	蔬菜	1	

图 8-61　要删除记录的表

（1）打开查询设计器，在其中添加"商品信息"表。

（2）在查询设计网格中添加"品类"字段，然后在该字段的"条件"行中输入"蔬菜"，如图 8-62 所示。

（3）在功能区的"查询工具 | 设计"选项卡中单击"删除"按钮，将当前查询转换为删除查询，如图 8-63 所示。

图 8-62　为"品类"字段设置条件

图 8-63　单击"删除"按钮

（4）在查询设计网格中新增了"删除"行并在其中自动填入"Where"，但是删除了"排序"和"显示"行，如图 8-64 所示。

（5）在功能区的"查询工具 | 设计"选项卡中单击"运行"按钮，在打开的对话框中单击"是"按钮，即可运行删除查询，结果如图 8-65 所示。最后以"删除查询"为名称保存该查询。

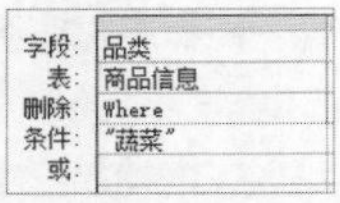

图 8-64　设置删除查询的条件　　　　　　　图 8-65　删除查询的运行结果

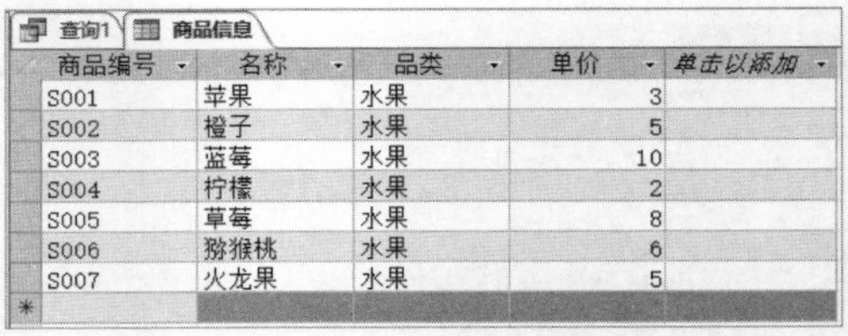

8.4.5　创建总计查询

前面介绍的几种查询都是"动作查询"，它们会直接改变表中的数据。"总计查询"可以对表中的数据进行分组和汇总，但不会改变表中的数据。下面创建一个总计查询，统计每种商品的订购总量，操作步骤如下：

（1）打开查询设计器，在其中添加"商品信息"和"订单明细"两个表，并确保已为两个表创建了关系。

提示：即使预先没有为两个表创建关系，Access 也会自动检测到两个表存在关联并为它们临时创建关系。

（2）在查询设计网格中添加两个字段，即"商品信息"表中的"名称"字段和"订单明细"表中的"订购数量"字段，如图 8-66 所示。

（3）在功能区的"查询工具 | 设计"选项卡中单击"汇总"按钮，如图 8-67 所示。

图 8-66　在查询设计网格中添加所需的字段

图 8-67　单击"汇总"按钮

（4）在查询设计网格中添加了"总计"行，每个字段的"总计"行被自动设置为"Group By"，表示对字段中的数据进行分组。由于本例要统计每种商品的订购数量，所以需要将"订购数量"字段中的"总计"行设置为"合计"，如图 8-68 所示。

（5）在功能区的"查询工具 | 设计"选项卡中单击"运行"按钮，运行总计查询并在数据表视图中显示查询结果，如图 8-69 所示。最后以"总计查询"为名称保存该查询。

图 8-68　为"订购数量"字段设置总计方式

图 8-69　总计查询的运行结果

在查询设计网格中添加"总计"行之后，可以在"总计"行的下拉列表中选择一种总计方式，如表 8-2 所示。

表 8-2　不同总计方式的功能和支持的字段数据类型

总计方式	功　　能	支持的字段数据类型
Group By	将字段用作数据分组的依据	/
合计	计算字段中所有值的总和	自动编号、数字、货币、日期 / 时间、是 / 否
平均值	计算字段中所有值的平均值	自动编号、数字、货币、日期 / 时间、是 / 否
最小值	返回字段中所有值中的最小值	自动编号、数字、货币、日期 / 时间、是 / 否、文本
最大值	返回字段中所有值中的最大值	自动编号、数字、货币、日期 / 时间、是 / 否、文本
计数	统计字段中非空值的数量	自动编号、数字、货币、日期 / 时间、是 / 否、文本、备注、OLE 对象
StDev	计算字段中所有值的标准偏差	自动编号、数字、货币、日期 / 时间、是 / 否
变量	计算字段中所有值的总体方差	自动编号、数字、货币、日期 / 时间、是 / 否
First	返回第一条记录中的字段值	自动编号、货币、日期 / 时间、是 / 否、文本、备注、OLE 对象
Last	返回最后一条记录中的字段值	自动编号、货币、日期 / 时间、是 / 否、文本、备注、OLE 对象
Expression	通过表达式创建计算字段	/
Where	为进行总计的字段设置条件	/

第 9 章
在查询中使用表达式和 SQL 语句

第 8 章介绍的多种类型的查询虽然可以满足不同的应用需求，但是想要真正发挥查询的强大功能，则需要使用表达式构建灵活且适应性强的查询条件。SQL 是查询背后的语言，掌握常用的 SQL 语句及其编写方法可以创建出更具灵活性、功能更强大的查询。本章将介绍在查询中使用表达式和 SQL 语句的方法，包括表达式的基本概念和组成元素、创建和使用表达式、编写 SQL 语句创建查询等内容。

9.1 表达式简介

实际上，不仅可以在查询中使用表达式，在其他数据库对象中同样可以使用表达式。表达式主要有以下几个用途。

- 设置查询条件：在设计查询时，复杂的条件需要依靠表达式实现。例如，将查询结果中显示的价格限制在 1000 ～ 5000 元。
- 为字段和控件设置验证规则：使用表达式可以为字段和控件设置更加灵活的验证规则。例如，对于存储员工年龄的字段，将该字段中可以输入的数字限制在 20 ～ 55。
- 为字段和控件设置默认值：使用表达式可以为字段和控件设置默认值，每次打开表、窗体或报表时将显示这些默认值。例如，可以将存储日期的字段的默认值设置为当前日期。
- 计算值：使用表达式可以对表、查询、窗体、报表中的现有数据进行计算并得到新的值。例如，使用表中的销量和单价可以计算商品的总价。

9.2 表达式的组成元素

表达式可以由文本、数字、日期、时间、运算符、函数、标识符等元素类型中的一种或多种组成，用于计算和对比数据、提取或合并文本等。在表达式中参与计算的数据可以是用户直接输入的值，也可以是引用表中的字段或者窗体和报表中的控件的值。

9.2.1 一个表达式示例

下面是一个表达式的示例，用于从"员工信息"表的"出生日期"字段中提取员工出生日期中的年份。

```
Left([员工信息]![出生日期],4)
```

这个表达式包含以下几个部分。

- Left：一个 Access 内置函数，用于从指定的字符串的左侧开始提取指定数量的字符。内置函数是 Access 程序本身自带的函数，而非由用户编写 VBA 代码创建的自定义函数。
- [员工信息]![出生日期]：这是标识符，感叹号左侧的部分是表的名称，感叹号右侧的部分是表中字段的名称。
- 4：一个数字，它是 Left() 函数的一个参数值。该函数包含两个参数，另一个参数值是"[员工信息]![出生日期]"，参数值是函数要处理的数据。

如果一个表达式以作为另一个表达式的一部分的方式出现，则将这种表达式称为嵌套表达式。

9.2.2　值

表达式中的值可以是文本、数字、日期或时间。如果值是文本，则需要使用一对双引号将文本包围起来，例如"Access"。在某些情况下，Access 会自动为文本添加双引号。例如，在设置查询条件和验证规则时，即使用户在表达式中直接输入不带双引号的文本，Access 也会自动为文本添加双引号。

如果表达式中的值是数字，则可以在表达式中按照数字本身的形式输入。如果值是日期或时间，则需要使用两个井号（#）将日期或时间包围起来，例如 #2021/6/18#，Access 会将两个井号之间的数据看作"日期 / 时间"数据类型。

9.2.3　常量

常量的值不会发生改变，文本、数字、日期、时间都属于常量，本小节介绍的常量是 Access 中具有特殊含义的值，常用的常量有以下几个。

- ""：空字符串，由一对双引号组成，双引号中不包含任何内容。
- Null：空值，表示缺少内容。
- True：一个逻辑值，当条件成立时返回 True。
- False：一个逻辑值，当条件不成立时返回 False。

可以将常量用作函数的参数值，也可以将其作为表达式中条件的一部分。例如，在将查询条件设置为 <>" " 时，如果字段中的值不是空字符串，则该表达式返回逻辑值 True。此处的 <> 是比较运算符，表示"不等于"，空字符串（" "）是常量，它们组合在一起表示"不等于空字符串"。

在使用 Null 常量时需要注意，当 Null 与比较运算符一起使用时通常会导致错误。如果要在表达式中将某个值与 Null 进行比较，则需要使用 Is Null 或 Is Not Null 运算符。

9.2.4　运算符

为了创建实现复杂功能的表达式，需要使用运算符连接表达式中的各个元素，并执行由运算符指定的计算。在 Access 中有 5 类运算符，即算术运算符、比较运算符、逻辑运算符、连接运算符和特殊运算符。

1．算术运算符

使用算术运算符可以对数字进行常规的数学计算。Access 中的算术运算符包括 +（加法）、-（减法）、*（乘法）、/（除法）、\（整除）、Mod（求模）和 ^（指数）7 种，如表 9-1 所示。

表 9-1　算术运算符

运　算　符	说　　明	示　　例
+	将两个数字相加	2+6，结果为 8
-	将两个数字相减，或表示负数	7-1，结果为 6
*	将两个数字相乘	2*6，结果为 12
/	将两个数字相除	16/2，结果为 8
\	将两个数字取整后相除，并返回商的整数部分	32\6，结果为 5
Mod	将两个数字取整后相除，并返回余数部分	32 Mod 6，结果为 2
^	对一个数字进行指数运算	6^2，结果为 36

在使用 \ 和 Mod 两个运算符时，如果参与计算的两个数字包含小数，则会先对小数进行取整，然后执行计算。取整规则如下：

- 如果数字的小数部分大于 0.5，则取整到下一个数字，例如 5.6 取整为 6。
- 如果数字的小数部分小于或等于 0.5，则舍去小数部分，只保留整数部分，例如 5.3 取整为 5。

2. 比较运算符

使用比较运算符（也称为关系运算符）可以对两个值进行比较，并根据比较结果返回常量 True、False 或 Null。Access 中的比较运算符包括 =（等于）、<>（不等于）、<（小于）、>（大于）、<=（小于等于）和 >=（大于等于）6 种，如表 9-2 所示。

表 9-2　比较运算符

运　算　符	说　　明	示　　例
=	比较两个值是否相等，相等返回 True，不相等返回 False	5=6，结果为 False
<>	比较两个值是否不相等，不相等返回 True，相等返回 False	5<>6，结果为 True
<	比较第一个值是否小于第二个值，小于返回 True，否则返回 False	5<6，结果为 True
>	比较第一个值是否大于第二个值，大于返回 True，否则返回 False	5>6，结果为 False
<=	比较第一个值是否小于或等于第二个值，小于或等于返回 True，否则返回 False	5<=6，结果为 True
>=	比较第一个值是否大于或等于第二个值，大于或等于返回 True，否则返回 False	5>=6，结果为 False

如果进行比较的两个值中有一个是 Null，则比较结果返回 Null。

提示：在 Access 中 True 等价于 -1，False 等价于 0。

3. 逻辑运算符

使用逻辑运算符（也称为布尔运算符）可以组合多个条件，并返回常量 True、False 或 Null。Access 中的逻辑运算符包括 And（与）、Or（或）、Not（非）、Eqv（等价）、Imp（蕴含）和 Xor（异或）6 种，最常用的是 And、Or 和 Not，本小节主要介绍它们的用法。

使用 And 运算符可以对两个表达式进行逻辑连接，格式如下：

表达式1 And 表达式2

只有当两个表达式都为 True 时，And 运算符才返回 True，其他情况都返回 False。表 9-3 列出了 And 运算符在不同情况下返回的结果。

表 9-3　And 运算符

表达式 1	表达式 2	And 运算符返回的结果
True	True	True
True	False	False
True	Null	Null
False	True	False
False	False	False
False	Null	False
Null	True	Null
Null	False	False
Null	Null	Null

使用 Or 运算符可以对两个表达式进行逻辑分离，格式如下：

表达式1 Or 表达式2

只要有一个表达式为 True，Or 运算符就返回 True。表 9-4 列出了 Or 运算符在不同情况下返回的结果。

表 9-4　Or 运算符

表达式 1	表达式 2	And 运算符返回的结果
True	True	True
True	False	True
True	Null	True
False	True	True
False	False	False
False	Null	Null
Null	True	True
Null	False	Null
Null	Null	Null

Not 运算符用于对单个表达式进行逻辑否定，格式如下：

Not 表达式

如果表达式为 True，则 Not 运算符返回 False；如果表达式为 False，则 Not 运算符返回 True。

4．连接运算符

使用连接运算符可以将两个值合并为一个字符串，Access 中的连接运算符包括 & 和 + 两种，如表 9-5 所示。

表 9-5　连接运算符

运　算　符	说　　　明	示　　　例
&	无论两个值是文本还是数字，都将两个值连接在一起	"Acces" & "s"，结果为 Access 20&21，结果为 2021
+	如果两个值是文本，则进行连接；如果两个值是数字，则进行求和	"Acces" + "s"，结果为 Access 20+21，结果为 41 "20" + "21"，结果为 2021 "20" +21 或 20+ "21"，结果都为 41

为了避免由于数据类型带来的混乱，最好始终使用 & 运算符连接两个值。如果两个值中有一个是 Null，则在使用 & 运算符连接文本时会忽略 Null 并返回另一个值。在相同情况下使用 + 运算符时将返回 Null。

5．特殊运算符

除了前面介绍的运算符外，在 Access 中还包括 Is、In、Between And 和 Like 4 个运算符。Is 运算符与 Null 常量一起使用，用于检查指定的值是否为 Null，有 Is Null 和 Is Not Null 两种形式，如果值为 Null，则 Is Null 返回 True；如果值不为 Null，则 Is Not Null 返回 True。

In 运算符检查一个值与给定列表中的任意一个值是否匹配，如果存在匹配值，则 In 运算符返回 True，否则返回 False。In 运算符的格式如下：

```
表达式 In 包含多个值的列表
```

下面的表达式检查数字 6 是否出现在 In 运算符右侧的列表中，结果为 True。

```
6 In (1,3,6)
```

Between And 运算符检查一个值是否位于一个指定的范围内，如果位于范围内将返回 True，否则返回 False。Between And 运算符的格式如下：

```
表达式 Between 范围下限 And 范围上限
```

下面的表达式检查"出生日期"字段中的日期是否位于 1990 年 1 月 1 日和 2005 年 12 月 31 日之间。如果出生日期为 1996 年 6 月 18 日，则该表达式返回 True。

```
[出生日期] Between #1990/1/1# And #2005/12/31#
```

Like 运算符检查字符串中的部分或全部与给定的字符序列是否匹配，如果匹配则返回 True，否则返回 False。Like 运算符的格式如下：

```
表达式 Like 字符序列
```

下面的表达式检查"品类"字段中的值是否为"水果"，如果是则返回 True，否则返回 False。如果检查的字符串是英文，则不区分大小写。

```
[品类] Like "水果"
```

如果使用 Like 运算符查找一系列相同或相似的值，则可以在 Like 运算符中使用通配符。

表 9-6 列出了可以在 Like 运算符中使用的通配符。

表 9-6　可以在 Like 运算符中使用的通配符

通　配　符	说　　明
#	任意单个数字
?	任意单个字符
*	任意 0 个或多个字符
[字符序列]	字符序列中的任意单个字符
[! 字符序列]	不在字符序列中的任意单个字符

例如，[商品名称] Like "* 米"，该表达式匹配以 "米" 字结尾的商品名称，因此大米、小米和黑米等都是匹配项。

提示：在 In、Between And 和 Like 运算符的左侧添加 Not 运算符将进行否定检查。

当一个表达式包含不同类型的运算符时，各个运算符执行计算的先后顺序称为运算符的优先级。运算符优先级的规则如下：

- 不同类型的运算符的优先级从高到低为算术运算符 > 比较运算符 > 逻辑运算符。
- 在某些类型的运算符中，各个运算符也具有特定的优先级。例如，在算术运算符中，指数运算符的优先级最高，其次是负数运算符，再次是乘法运算符和除法运算符，接着是整除运算符和求模运算符，最后是加法运算符和减法运算符。
- 相同优先级的运算符按照它们在表达式中从左到右的次序执行计算。
- 使用一对小括号将要优先计算的表达式包围起来，可以改变其运算优先级。

下面的两个表达式返回不同的结果。第一个表达式按照默认的优先级先计算乘法，然后计算加法，最终结果为 13；第二个表达式先计算加法，然后计算乘法，最终结果为 18。

```
1+2*6
(1+2)*6
```

9.2.5　函数

函数是一种预先设计好的计算方式，用户只需将要计算的数据提供给函数，就能得到计算结果，而不必了解函数内部的计算原理。不同的函数可以完成不同用途的计算，很多特定用途或复杂的计算只能通过函数完成。

将需要让函数处理的数据称为参数。一个函数可以包含一个或多个参数，也可以不包含参数。9.2.1 节中的示例使用了 Left() 函数，该函数有两个参数，第一个参数表示要从中提取字符的字符串，第二个参数表示要提取出的字符数量。

有的函数虽然包含多个参数，但是在指定参数的值时可以忽略一个或多个参数，这种可以忽略的参数称为可选参数，而必须设置一个值的参数称为必选参数或必需参数。如果将一个函数用作另一个函数的参数，则将这种形式称为嵌套函数。下面的表达式返回当前日期的年份。Date() 是一个返回当前日期的函数，将该函数用作 DatePart() 函数的一个参数，从而构成嵌套函数。

```
DatePart("yyyy",Date())
```

9.2.6 标识符

在表达式中可以使用标识符引用特定的元素。标识符包括所标识元素的名称及其所属元素的名称。例如，一个字段的标识符包括该字段的名称以及该字段所属表的名称。下面的标识符表示"员工信息"表中的"出生日期"字段。

[员工信息]![出生日期]

如果要引用的字段名称在当前环境下是唯一的，即不会出现同名字段，则可以省略字段名称前的表名和感叹号，这条规则也适用于窗体、报表等对象。

在标识符中可以使用以下 3 种符号。

- 中括号"["和"]"：如果在标识符中不包含空格或其他特殊字符，则不必使用一对中括号将表名或字段名包围起来，此时 Access 会自动添加中括号。
- 感叹号"!"：连接对象名及其内部包含的字段名。
- 点"."：连接对象及其属性，与感叹号的作用类似。

9.3 创建和使用表达式

表达式的用途非常广泛，本节主要介绍在查询中使用表达式的方法，在其他对象中使用表达式的方法与此类似。用户可以手动输入表达式，也可以使用表达式生成器创建表达式，而使用哪种方法创建表达式取决于表达式的复杂程度以及用户输入表达式的熟练程度。

9.3.1 创建表达式

用户可以在需要输入值的地方输入表达式。例如，在设计表结构，为字段设置"验证规则"属性时可以输入表达式。对于复杂的表达式，手动输入很容易出错，此时可以使用表达式生成器创建表达式。

大多数接受表达式输入的位置都可以启动表达式生成器。例如，表设计视图中的字段的"默认值"和"验证规则"两个属性、窗体和报表中的控件的"控件来源"属性等。单击这些属性的文本框，然后单击文本框右侧的按钮，将打开"表达式生成器"对话框，如图 9-1 所示。

"表达式生成器"对话框分为上、下两个部分，上半部分是一个文本框，下半部分有 3 个列表框，如果没有显示 3 个列表框，则可以单击对话框中的"更多 >>"按钮显示。各个部分的功能如下。

图 9-1 "表达式生成器"对话框

- 表达式输入框：可以手动输入表达式，也可以在下方的 3 个列表框中双击所需的项目来构建表达式。
- "表达式元素"列表框：包含当前可以使用的元素类型，例如函数、常量、操作符等。
- "表达式类别"列表框：显示在"表达式元素"列表框中选择的元素包含的项目类别。例如，如果在"表达式元素"列表框中选择"内置函数"，则在"表达式类别"列表框中将显示内置函数包含的类别名称。

- "表达式值"列表框：显示在"表达式类别"列表框中选择的类别中包含的项目。例如，如果在"表达式类别"列表框中选择内置函数中的"文本"类别，则在"表达式值"列表框中将显示所有内置的文本函数。

3 个列表框中的内容以层次结构的形式相互配合，在前两个列表框中通过双击或单击项目左侧的 + 号展开特定的项目，然后在第 3 个列表框中双击要添加的值，即可将其添加到表达式输入框中。

图 9-2　将 Left() 函数添加到表达式输入框

下面以在表达式中输入 Access 内置的 Left() 函数为例，说明表达式生成器的使用方法。在表的设计视图或窗体和报表的"属性表"窗格中，在包含 ⋯ 按钮的文本框中单击该按钮，打开"表达式生成器"对话框，然后输入表达式，操作步骤如下：

（1）在"表达式元素"列表框中双击"函数"，然后选择"内置函数"，并在"表达式类别"列表框中选择"文本"。

（2）在"表达式值"列表框中双击"Left"，将 Left() 函数添加到上方的表达式输入框中，默认还包含该函数的语法部分，如图 9-2 所示。

（3）Left() 函数有两个参数，string 参数表示要从中提取字符的文本，length 参数表示要提取的字符数量。在表达式输入框中删除小括号中的"《string》，《length》"，然后输入所需的内容，输入后的表达式如图 9-3 所示。该表达式使用 Left() 函数从"Access 从新手到高手"文本中提取前 6 个字符，即"Access"。

```
Left("Access从新手到高手",6)
```

（4）单击"确定"按钮，关闭"表达式生成器"对话框，将输入好的表达式添加到指定的位置。如图 9-4 所示为将该表达式设置为字段的"默认值"属性。

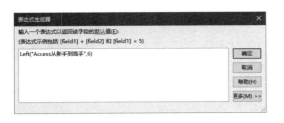

图 9-3　输入表达式

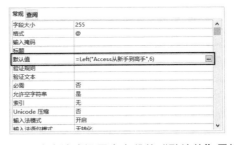

图 9-4　将表达式设置为字段的"默认值"属性

在输入函数或其他元素时，使用表达式生成器的以下两个功能可以提高输入效率：

- 在手动输入函数名称或字段名称时，Access 会显示与当前已输入部分匹配的名称列表，用户可以使用箭头键定位到所需项目上，然后按 Tab 键将其添加到表达式输入框中，如图 9-5 所示。
- 在输入函数的参数时，Access 会显示当前函数的参数信息，并以加粗的字体显示当前正在输入的参数，如图 9-6 所示。

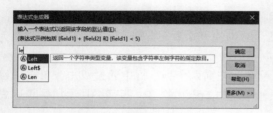

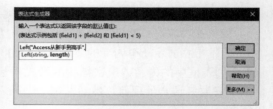

图 9-5　智能弹出列表　　　　　　　　　　图 9-6　函数语法提示

9.3.2　在查询条件中使用表达式

在设计查询时，使用表达式可以设置灵活的条件。下面为"订单信息"表创建一个查询，返回订购日期在 2021 年 3 月 2 日～2021 年 3 月 5 日的订单记录，操作步骤如下：

（1）在功能区的"创建"选项卡中单击"查询设计"按钮，打开查询设计器。

（2）在查询设计器中添加"订单信息"表，然后在查询设计网格中添加如图 9-7 所示的字段，并在"订购日期"字段的"条件"行中输入以下表达式。

```
Between #2021/3/2# And #2021/3/5#
```

（3）在功能区的"查询工具 | 设计"选项卡中单击"运行"按钮，将在数据表视图中显示查询运行结果，如图 9-8 所示。

图 9-7　在查询设计网格中添加字段并设置条件　　　图 9-8　查询运行结果

9.3.3　在查询中创建计算字段时使用表达式

为了减少数据库占用的磁盘空间，一些需要计算的数据可以在查询中通过创建计算字段来获得，而无须存储在表中。下面创建一个查询，基于"员工信息"表中的"出生日期"字段创建一个显示员工出生年份的计算字段，操作步骤如下：

（1）在功能区的"创建"选项卡中单击"查询设计"按钮，打开查询设计器。

（2）在查询设计器中添加"员工信息"表，然后在查询设计网格中添加所需的字段。

（3）在"性别"和"学历"字段之间插入一个空列，然后在该列的"字段"行中输入以下表达式，创建一个计算字段，如图 9-9 所示。其中，冒号左侧的内容是新建的计算字段的名称，右侧的内容是该计算字段的表达式。

```
出生年份：Year([员工信息]![出生日期])
```

（4）在功能区的"查询工具 | 设计"选项卡中单击"运行"按钮，将在数据表视图中显示查询运行结果，其中包含一个名为"出生年份"的计算字段，该字段中的值是"出生日期"字段中的年份，如图 9-10 所示。

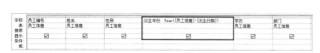

图 9-9　在查询中创建计算字段

查询1

员工编号	姓名	性别	出生年份	学历	部门
Y001	祖依飞	女	1977	大本	工程部
Y002	罗瑞扬	男	1988	硕士	人力部
Y003	施圳	男	1988	博士	技术部
Y004	毋冷筠	女	1982	高中	人力部
Y005	韩蕁	女	1985	硕士	人力部
Y006	邹兢	男	1988	大本	财务部
Y007	盛丁	男	1987	硕士	技术部
Y008	余祺福	女	1983	大专	市场部
Y009	邱怜菡	女	1980	大专	工程部
Y010	晁共	男	1975	大专	信息部

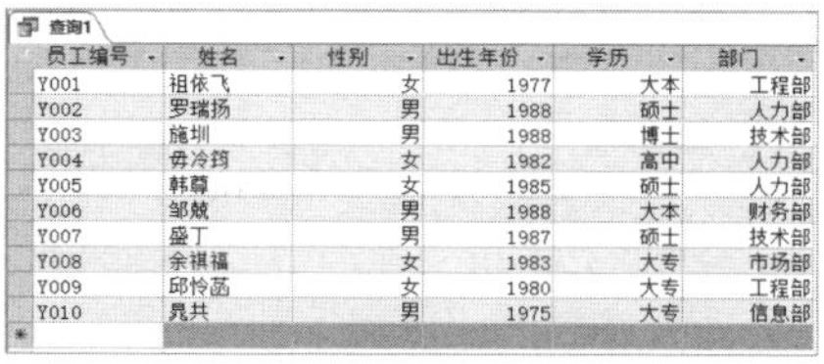

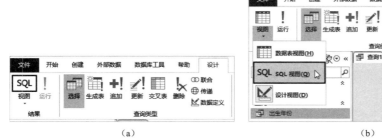

图 9-10　在查询结果中显示创建的计算字段

9.4　使用 SQL 语句创建查询

SQL 是操作数据库的通用语言，通过编写 SQL 语句可以创建 SQL 查询，复杂的数据检索任务需要使用 SQL 语句完成，使用 SQL 语句还可以对数据执行添加、更新和删除等操作。SQL 中的以下 4 个语句用于对数据执行基本操作。

- SELECT：从数据库中检索数据。
- INSERT：向数据库中添加数据。
- UPDATE：修改数据库中的数据。
- DELETE：删除数据库中的数据。

下面将介绍这 4 个语句的语法格式和基本用法。

9.4.1　编写 SQL 语句前的准备工作

查询的 SQL 视图专门用于输入 SQL 语句。在 Access 中打开查询设计器，然后使用以下几种方法切换到 SQL 视图：

- 单击 Access 窗口底部的状态栏中的“SQL 视图”按钮 。
- 在功能区的“查询工具 | 设计”选项卡中单击 SQL 按钮。如果已经在查询设计器中添加了表，则功能区中的“SQL”会显示为“视图”，此时需要单击该按钮上的下拉按钮，然后在弹出的菜单中选择“SQL 视图”命令，如图 9-11 所示。
- 在查询设计器上半部分中的空白处右击，然后在弹出的菜单中选择“SQL 视图”命令，如图 9-12 所示。

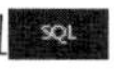

(a)

(b)

图 9-11　切换到 SQL 视图的功能区命令

使用任意一种方法都将打开如图 9-13 所示的 SQL 视图，在该视图的文本框中输入 SQL 语句，然后在功能区的“查询工具 | 设计”选项卡中单击“运行”按钮，运行 SQL 语句并返回结果。

下面以“商品信息”表中的数据为例，介绍编写 SQL 语句操作数据的方法。“商品信息”表中包含的数据如图 9-14 所示。

图 9-12 选择"SQL 视图"命令

图 9-13 SQL 视图

图 9-14 "商品信息"表中的数据

9.4.2 使用 SELECT 语句检索数据

SELECT 语句是 SQL 的核心功能，负责数据操作的底层工作，它也是所有 SQL 语句中最复杂的语句。本小节将介绍使用 SELECT 语句检索数据的基本用法。使用 SELECT 语句可以在表中检索数据，其语法格式如下：

```
SELECT 字段名
FROM 要查询数据的表名
WHERE 限定条件
ORDER BY 字段名 [ASC|DESC]
```

在编写 SELECT 语句时需要注意以下几点：

● 在 SELECT 语句中必须提供 FROM 子句，其他子句是可选的。
● SELECT 语句中的字段名可以有多个，各个字段之间使用逗号分隔。
● 如果要检索不同表中的字段，并且这些表中包含相同名称的字段，则需要在字段名的开头使用表名指明字段所属的表。即使只在一个表中检索数据，最好也在字段名的开头添加表名，以使 SELECT 语句的含义更清晰。
● 如果在字段名中包含空格，则需要使用中括号将字段名括起来。
● 文本型数据需要使用一对单引号括起来，日期型数据需要使用一对井号括起来。
● SELECT 语句的结尾以分号结束，即使不添加该符号，Access 也会认为 SELECT 语句已结束。
● ORDER BY 子句中的 ASC 表示对数据升序排列，DESC 表示对数据降序排列。

1．检索表中的所有记录

下面的 SQL 语句将从"商品信息"表中返回所有记录，* 号是一个通配符，表示表中的所有字段。如图 9-15 所示为在 SQL 视图中输入的语句。

图 9-15 在 SQL 视图中
输入 SQL 语句

```
SELECT *
FROM 商品信息；
```

2．检索表中包含特定字段的所有记录

下面的 SQL 语句将从"商品信息"表中返回包含"商品编号""名称"和"单价"3 个字段的所有记录，如图 9-16 所示。

```
SELECT 商品编号，名称，单价
FROM 商品信息；
```

3．检索表中满足单个条件的所有记录

下面的 SQL 语句将从“商品信息”表中返回单价大于或等于 6 元的所有记录，如图 9-17 所示。本例中的 SQL 语句在字段名的开头添加了表名以限定范围。

```
SELECT *
FROM 商品信息
WHERE 商品信息.单价>=6;
```

检索表中包含特定字段的所有记录

商品编号	名称	单价
S001	苹果	3
S002	橙子	5
S003	蓝莓	10
S004	柠檬	2
S005	草莓	8
S006	猕猴桃	6
S007	火龙果	5
S008	白菜	2
S009	冬瓜	3
S010	胡萝卜	1
S011	西红柿	3
S012	油麦菜	2
S013	西蓝花	3
S014	酸奶	3
S015	牛奶	2
S016	早餐奶	2
S017	巧克力奶	3
S018	果汁	6
S019	可乐	3
S020	冰红茶	5

图 9-16　检索表中的特定字段

检索表中满足单个条件的所有记录

商品编号	名称	品类	单价
S003	蓝莓	水果	10
S005	草莓	水果	8
S006	猕猴桃	水果	6
S018	果汁	饮料	6

图 9-17　检索表中满足单个条件的所有记录

4．检索表中满足单个条件中的多个特定值的所有记录

下面的 SQL 语句将从“商品信息”表中返回品类为“水果”和“蔬菜”的所有记录，如图 9-18 所示。在 WHERE 子句中可以使用 IN 关键字表示单个条件中的多个值，并在一对小括号中放置这些值。

```
SELECT *
FROM 商品信息
WHERE 品类 IN ('水果','蔬菜');
```

检索表中满足单个条件中的多个特定值的所有记录

商品编号	名称	品类	单价
S001	苹果	水果	3
S002	橙子	水果	5
S003	蓝莓	水果	10
S004	柠檬	水果	2
S005	草莓	水果	8
S006	猕猴桃	水果	6
S007	火龙果	水果	5
S008	白菜	蔬菜	2
S009	冬瓜	蔬菜	3
S010	胡萝卜	蔬菜	1
S011	西红柿	蔬菜	3
S012	油麦菜	蔬菜	2
S013	西蓝花	蔬菜	3

图 9-18　检索表中满足单个条件中的多个特定值的所有记录

5．检索表中满足多个条件之一的所有记录

下面的 SQL 语句将从“商品信息”表中返回单价大于 3 元或品类是“饮料”的所有记录，如图 9-19 所示。为了表示满足多个条件之一，可以使用逻辑运算符 OR 连接多个条件。

```
SELECT *
FROM 商品信息
WHERE 单价>3 OR 品类='饮料';
```

6．检索表中同时满足多个条件的所有记录

下面的 SQL 语句将从“商品信息”表中返回单价大于 3 元且品类是“饮料”的所有记录，如图 9-20 所示。为了表示同时满足多个条件，需要使用逻辑运算符 AND 连接多个条件。

```
SELECT *
FROM 商品信息
WHERE 单价>3 AND 品类='饮料';
```

图 9-19　检索表中满足多个条件之一的所有记录　　　图 9-20　检索表中同时满足多个条件的所有记录

7. 检索表中包含特定字段的所有记录并排序

下面的 SQL 语句将从"商品信息"表中返回包含"名称""品类"和"单价"3 个字段且单价大于 3 元的所有记录，并按单价从高到低排列这些记录，如图 9-21 所示。为了对记录降序排列，需要在 ORDER BY 子句中使用 DESC 关键字。

```
SELECT 名称，品类，单价
FROM 商品信息
WHERE 商品信息.单价>3
ORDER BY 单价 DESC;
```

9.4.3　使用 INSERT 语句添加数据

图 9-21　检索表中包含特定字段的所有记录并排序

使用 INSERT 语句可以在表中添加新的数据，其语法格式如下：

```
INSERT INTO 表名 (字段名列表)
VALUES (与字段一一对应的值列表)
```

如果在 VALUES 子句中为表中的所有字段都提供了值，则可以在 INSERT INTO 语句中只提供表名，而省略字段名。

下面的 SQL 语句在"商品信息"表中添加一条新记录，新增记录的商品编号为"S021"、名称为"雪碧"、品类为"饮料"、单价为"3"。由于本例是为"商品信息"表中的所有字段添加数据，即添加一整条记录，所以省略 INSERT INTO 语句中的字段名列表。

```
INSERT INTO 商品信息
VALUES ('S021','雪碧','饮料',3)
```

运行上面的 SQL 语句，打开如图 9-22 所示的对话框。如果确定要在表中添加新记录，则单击"是"按钮，此时将在表中添加指定的数据，如图 9-23 所示。

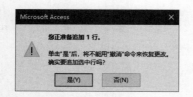

图 9-22　添加新记录前的确认信息　　　　图 9-23　在表中添加新记录

9.4.4　使用 UPDATE 语句修改数据

使用 UPDATE 语句可以修改表中的数据，其语法格式如下：

```
UPDATE 表名
SET 字段名及其对应值的列表
WHERE 限定条件
```

如果要修改多个字段的值，则需要在 SET 子句中分别列出所需修改的每一个字段名及其对应的值，并使用等号连接它们。WHERE 子句是可选的，如果省略该子句，则将修改每条记录中的特定字段的值。如果只想修改特定记录中的值，则可以在 WHERE 子句中指定条件，通常将条件设置为特定记录的主键的值。

下面的 SQL 语句将“商品信息”表中商品编号为 S016 的记录中的单价从 2 改为 3。

```
UPDATE 商品信息
SET 单价=3
WHERE 商品编号='S016'
```

运行上面的 SQL 语句，在打开的对话框中单击“是”按钮，将修改指定的数据，如图 9-24 所示。

商品信息

商品编号	名称	品类	单价	单击以添加
S001	苹果	水果	3	
S002	橙子	水果	5	
S003	蓝莓	水果	10	
S004	柠檬	水果	2	
S005	草莓	水果	8	
S006	猕猴桃	水果	6	
S007	火龙果	水果	5	
S008	白菜	蔬菜	2	
S009	冬瓜	蔬菜	3	
S010	胡萝卜	蔬菜	1	
S011	西红柿	蔬菜	3	
S012	油麦菜	蔬菜	2	
S013	西蓝花	蔬菜	3	
S014	酸奶	乳品	3	
S015	牛奶	乳品	2	
S016	早餐奶	乳品	3	
S017	巧克力奶	乳品	3	
S018	果汁	饮料	6	
S019	可乐	饮料	3	
S020	冰红茶	饮料	5	

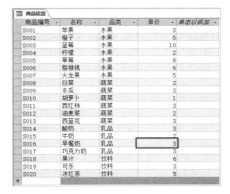

图 9-24　修改表中的数据

9.4.5　使用 DELETE 语句删除数据

使用 DELETE 语句可以删除表中的数据，其语法格式如下：

```
DELETE FROM 表名
WHERE 限定条件
```

与 UPDATE 语句类似，DELETE 语句中的 WHERE 子句也是可选的。如果在 DELETE 语句中省略 WHERE 子句，则将删除表中的所有记录。如果要删除表中的特定记录，则需要在 WHERE 子句中指定条件，通常将条件设置为特定记录的主键的值。

下面的 SQL 语句将删除“商品信息”表中商品编号为 S016 的记录。

```
DELETE FROM 商品信息
WHERE 商品编号='S016'
```

运行上面的 SQL 语句，在打开的对话框中单击“是”按钮，将删除指定的数据，如图 9-25 所示。

商品信息

商品编号	名称	品类	单价	单击以添加
S001	苹果	水果	3	
S002	橙子	水果	5	
S003	蓝莓	水果	10	
S004	柠檬	水果	2	
S005	草莓	水果	8	
S006	猕猴桃	水果	6	
S007	火龙果	水果	5	
S008	白菜	蔬菜	2	
S009	冬瓜	蔬菜	3	
S010	胡萝卜	蔬菜	1	
S011	西红柿	蔬菜	3	
S012	油麦菜	蔬菜	2	
S013	西蓝花	蔬菜	3	
S014	酸奶	乳品	3	
S015	牛奶	乳品	2	
S017	巧克力奶	乳品	3	
S018	果汁	饮料	6	
S019	可乐	饮料	3	
S020	冰红茶	饮料	5	

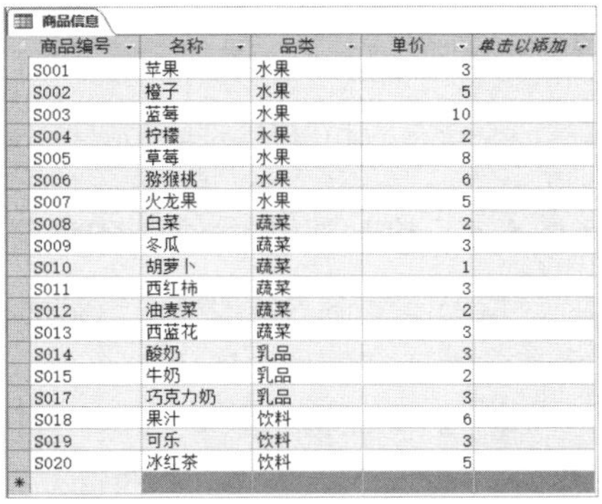

图 9-25　删除表中的数据

第 10 章
创建不同类型的窗体

在 Access 中，窗体是显示和编辑数据的一种界面工具。用户可以使用窗体显示表或查询中的数据，并且可以自定义数据在窗体中的显示方式。在窗体中输入和编辑数据比在表中操作具有更高的效率以及更低的错误率，还可以限制用户的输入权限，防止意外修改数据。用户可以在 Access 中快速创建不同类型和用途的窗体，也可以从头开始创建空白窗体并逐一完善窗体的各项设置。本章将介绍创建、设置和使用窗体的方法，包括窗体的基本概念、创建不同类型的窗体、设置窗体的外观和行为、在窗体中查看和编辑数据等内容。本章介绍的很多概念和操作也适用于报表。

10.1 窗体简介

本节将介绍窗体的基本概念，理解这些内容有助于用户更好地创建和使用窗体。

10.1.1 窗体的组成结构和类型

窗体由多个不同的"节"组成，一个完整的窗体包含 5 个节，如图 10-1 所示。

- 窗体页眉：窗体页眉中的内容始终显示在窗体的顶部，因此可以将固定不变的内容放置到窗体页眉中。在打印窗体时，窗体页眉中的内容只打印在第一页中。
- 页面页眉：在计算机中查看窗体时不显示页面页眉中的内容，只在打印窗体时显示其内容，并会打印在每一页的顶部。如果设置了窗体页眉，则页面页眉中的内容显示在第一页顶部窗体页眉的下方。
- 主体：主体是窗体的主要组成部分，通常占据较大的空间，每个窗体至少应该包含主体。窗

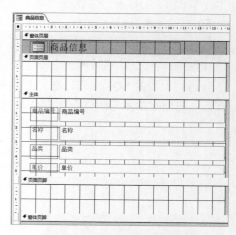

图 10-1　窗体的组成结构

体中的控件及其中显示的数据通常都位于主体中。

- 页面页脚：与页面页眉类似，页面页脚中的内容只在打印时才会显示。无论是否设置了窗体页脚，页面页脚中的内容都会打印在每一页的底部。
- 窗体页脚：与窗体页眉类似，窗体页脚中的内容始终显示在窗体的底部。在打印窗体时，窗体页脚中的内容只打印在最后一页中，并且位于最后一条记录的下方，而非页面底部。

根据窗体的结构和用途，可以将窗体划分为以下几种类型。

- 单项目窗体：一次只显示一条记录的窗体，如图 10-2 所示。
- 多项目窗体：一次显示多条记录的窗体，如图 10-3 所示。

图 10-2　单项目窗体

图 10-3　多项目窗体

- 数据表窗体：在多行多列中显示记录和字段的窗体，外观类似于表的数据表视图，如图 10-4 所示。
- 分割窗体：相当于单个窗体与数据表窗体的组合，分割窗体的一部分显示多条记录，另一部分显示当前所选记录的各个字段，如图 10-5 所示。

图 10-4　数据表窗体

图 10-5　分割窗体

- 导航窗体：将多个窗体以选项卡的形式显示，单击选项卡标签将显示相应的窗体，如图 10-6 所示。

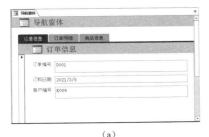

（a）

（b）

图 10-6　导航窗体

10.1.2 窗体的 3 种视图

Access 为创建、设计和使用窗体提供了以下 3 种视图。

- 窗体视图：显示窗体的最终效果及其中包含的实际数据，在该视图中可以查看和编辑窗体中的数据。
- 布局视图：可以对窗体及其中包含的控件进行设计，在该视图中可以完成调整窗体的大多数工作。在布局视图中窗体实际正处于运行状态，可以在该视图中看到窗体包含的实际数据，因此该视图非常适合调整控件的大小或执行会影响窗体外观和可用性的操作。
- 设计视图：显示组成窗体的各个部分，例如页眉、主体和页脚，但是不会显示窗体包含的实际数据。一些窗体设计任务在设计视图中更容易完成，而有些设计任务只能在设计视图中完成，例如在设计视图中可以直接在文本框中编辑数据源，而无须使用"属性表"窗格，还可以设置在布局视图中无法设置的一些属性。

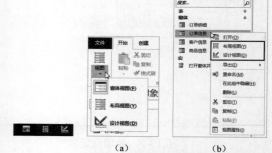

图 10-7　在窗体的不同视图之间切换的方法

在窗体的不同视图之间切换的方法与切换表视图类似，可以使用 Access 窗口底部状态栏中的视图按钮、功能区中的视图命令或在导航窗格中使用鼠标快捷菜单等多种方法，如图 10-7 所示。

提示：除了以上 3 种视图外，窗体还有数据表视图，其外观类似于表的数据表视图。在使用功能区中的"窗体设计"命令创建空白窗体时，在 Access 状态栏中会显示"数据表视图"按钮。除此之外，只有设置窗体的属性或创建数据表窗体才能启用数据表视图。

10.1.3 绑定窗体和未绑定窗体

根据窗体和数据之间的绑定关系，可以将窗体分为绑定窗体和未绑定窗体两种。本章前面介绍的窗体都是绑定窗体，因为在这些窗体中可以显示特定的表或查询中的数据。"绑定"是指将一个特定的表或查询设置为窗体的数据源，然后可以通过窗体中的控件显示表或查询中的数据。另外还可以在窗体中修改这些数据，修改结果会自动保存到相应的表或查询中。控件是窗体中可供用户操作或作为显示用途的对象，例如按钮、文本框等都是控件。

未绑定窗体没有与任何表或查询建立关联，因此无法在窗体中显示表或查询中的数据。

10.2 创建窗体

正如在 10.1.1 节中介绍的，用户可以在 Access 中创建多种类型的窗体，以适应不同的显示和使用需求。本节将介绍创建不同类型窗体的方法，对窗体各个细节方面的设置和调整将在10.3 节进行介绍。

10.2.1 创建单项目窗体

如果想在窗体中每次只显示一条记录，则可以创建单项目窗体。下面为"商品信息"表中的数据创建一个单项目窗体，操作步骤如下：

（1）在导航窗格中选择"商品信息"表，然后在功能区的"创建"选项卡中单击"窗体"按钮，如图 10-8 所示。

（2）此时将创建一个单项目窗体，并在布局视图中显示"商品信息"表中的数据，如图10-9 所示。

图 10-8 单击"窗体"按钮　　　　　　图 10-9 创建单项目窗体

（3）按 Ctrl+S 快捷键，打开"另存为"对话框，输入窗体的名称，然后单击"确定"按钮，将窗体保存在数据库中，如图10-10 所示。

10.2.2 创建多项目窗体

如果要在窗体中同时显示多条记录，则可以创建多项目窗体。

图 10-10 保存窗体

多项目窗体比数据表窗体拥有更多的自定义选项，例如添加图形元素、按钮和其他控件等。下面为"商品信息"表中的数据创建一个多项目窗体，操作步骤如下：

（1）在导航窗格中选择"商品信息"表，然后在功能区的"创建"选项卡中单击"其他窗体"按钮，在弹出的菜单中选择"多个项目"命令，如图10-11 所示。

（2）此时将创建一个多项目窗体，并在布局视图中显示"商品信息"表中的数据，如图10-12 所示。

图 10-11 选择"多个项目"命令

图 10-12 创建多项目窗体

10.2.3 创建数据表窗体

下面为"商品信息"表中的数据创建一个数据表窗体，操作步骤如下：

（1）在导航窗格中选择"商品信息"表，然后在功能区的"创建"选项卡中单击"其他窗体"按钮，在弹出的菜单中选择"数据表"命令，如图10-13 所示。

（2）此时将创建一个数据表窗体，并在数据表视图中显示"商品信息"表中的数据，如图10-14 所示。

图 10-13　选择"数据表"命令

图 10-14　创建数据表窗体

10.2.4　创建分割窗体

分割窗体整合了单个窗体和数据表窗体的功能，使用分割窗体的数据表部分可以快速查找记录，然后使用分割窗体的窗体部分查看或编辑当前选中的记录。分割窗体中的两个部分显示的数据来自于同一个数据源，因此两个部分中的数据始终保持同步。

下面创建一个同时显示当前选中的商品记录和所有商品记录的分割窗体，操作步骤如下：

（1）在导航窗格中选择"商品信息"表，然后在功能区的"创建"选项卡中单击"其他窗体"按钮，在弹出的菜单中选择"分割窗体"命令，如图 10-15 所示。

（2）此时将创建一个分割窗体，窗体的上半部分显示当前选中的记录中各个字段的值，

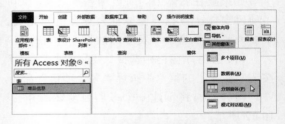

图 10-15　选择"分割窗体"命令

窗体的下半部分显示"商品信息"表中的所有记录，如图 10-16 所示。

用户可以调整分割窗体中上、下两个部分的位置，只需在布局视图中打开分割窗体，然后在功能区的"窗体布局工具 | 设计"选项卡中单击"属性表"按钮，打开"属性表"窗格，在上方的下拉列表中选择"窗体"，然后在"格式"选项卡中设置"分割窗体方向"属性，如图 10-17 所示。

图 10-16　创建分割窗体

图 10-17　设置分割窗体中上、下两个部分的位置

10.2.5 创建导航窗体

如果要在多个窗体之间快速切换，则可以创建导航窗体，从而避免频繁打开和关闭这些窗体。下面创建一个导航窗体，其中包含"商品信息"和"客户信息"两个窗体，操作步骤如下：

（1）在功能区的"创建"选项卡中单击"导航"按钮，然后在弹出的菜单中选择导航窗体的样式，如图 10-18 所示。

图 10-18　选择导航窗体的样式

（2）选择"水平标签"样式，将在布局视图中打开创建的导航窗体，如图 10-19 所示。

（3）在导航窗格中将"客户信息"窗体拖动到导航窗体中的"[新增]"上。在拖动过程中显示一个窗体标记和一个黄色线条，当将窗体拖动到"[新增]"上时，黄色线条呈垂直方向，如图 10-20 所示。

图 10-19　在布局视图中打开创建的导航窗体　　图 10-20　将窗体拖动到"[新增]"上

（4）释放鼠标左键，即可将"客户信息"窗体放置到导航窗体中"[新增]"的左侧，并新增一个选项卡标签，其名称就是"客户信息"窗体的名称，如图 10-21 所示。

（5）使用相同的方法将"商品信息"窗体添加到导航窗体中，并将其放置到"客户信息"窗体的右侧，如图 10-22 所示。

图 10-21　将"客户信息"窗体添加到导航窗体中　　图 10-22　将"商品信息"窗体添加到导航窗体中

在数据库应用程序中，可能想将导航窗体用作数据库的主界面或切换面板，通过设置 Access 选项可以实现此需求。单击"文件"按钮并选择"选项"命令，打开"Access 选项"对话框，在"当前数据库"选项卡的"显示窗体"下拉列表中选择数据库中的导航窗体，然后单击"确定"按钮，如图 10-23 所示。

图 10-23　将导航窗体设置为打开数据库时显示的窗体

10.2.6　创建包含子窗体的窗体

一个数据库中的某些表之间通常存在着某种关联，在 Access 中为这些表创建关系后，就可以从这些相关的表中获取所需的数据。如果在创建单项目窗体时，该窗体使用的表是一对多关系中的父表，则基于该表创建的窗体会自动以数据表的形式包含一对多关系中的子表中的相关记录。

如果有多张表与创建窗体所使用的表之间存在一对多关系，则 Access 不会向窗体中添加任何相关的数据表。

下面创建一个显示客户信息的窗体，其中还会显示与客户相关的订单信息的子窗体，操作步骤如下：

（1）在"关系"窗口中为"客户信息"表和"订单信息"表创建一对多关系，"客户信息"表是关系中的父表，"订单信息"表是关系中的子表，如图 10-24 所示。

图 10-24　为"客户信息"表和"订单信息"表创建一对多关系

（2）保存表关系并关闭"关系"窗口。在导航窗格中选择一对多关系中的父表，即"客户信息"表，然后在功能区的"创建"选项卡中单击"窗体"按钮，如图 10-25 所示。

（3）此时将创建一个显示客户信息的单项目窗体，并在其中以子窗体的形式显示与当前客户相关的订单信息，如图 10-26 所示。

图 10-25　单击"窗体"按钮

图 10-26　创建包含子窗体的窗体

10.2.7　创建空白窗体

如果不想创建带有数据的窗体，而是从头开始设计窗体，则可以创建一个空白窗体，然后在布局视图或设计视图中设计窗体的各个方面。

在功能区的"创建"选项卡中单击"窗体设计"或"空白窗体"按钮都将创建一个空白窗体，如图 10-27 所示。两个命令的区别在于空白窗体在哪个视图中打开，使用"窗体设计"按钮创建的空白窗体将在设计视图中打开，使用"空白窗体"按钮创建的空白窗体将在布局视图中打开，如图 10-28 所示。

图 10-27　创建空白窗体的两个按钮

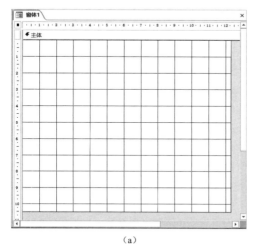

（a）

（b）

图 10-28　设计视图中的空白窗体（a）和布局视图中的空白窗体（b）

10.3　设置窗体的外观和行为

在设计窗体时，通常需要为窗体设置大量的属性，从而调整窗体的外观和行为。本节将介绍属性表的概念和使用方法，以及窗体的一些重要属性的功能和设置方法。

10.3.1　选择窗体的不同部分

在窗体中进行各种操作时，通常需要先选择要操作的部分。在 Access 中选择窗体及其中的组成部分有以下两种方法。

图 10-29　使用鼠标单击选择对象

- 在窗体中单击所需的部分：使用鼠标直接单击窗体中要选择的部分，选中的部分会显示一个黄色的边框。如图 10-29 所示选中的是一个包含"苹果"文字的文本框。
- 使用"属性表"窗格：使用"属性表"窗格上方的下拉列表可以准确地选择窗体中的特定部分，如图 10-30 所示。

如果是在设计视图中工作，则可以使用选择器选择窗体的页眉、页脚和主体。如图 10-31 所示用黑框标示出的是用于选择整个窗体、窗体页眉、主体和窗体页脚的几个选择器。选择整个窗体的选择器位于水平标尺和垂直标尺相交的位置，即窗体的左上角。其他几个选择器的右侧都有相应的文字标识，例如"窗体页眉""主体"和"窗体页脚"。单击这些选择器可以选中窗体中的相应部分。

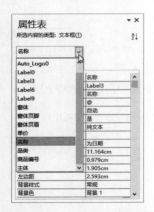

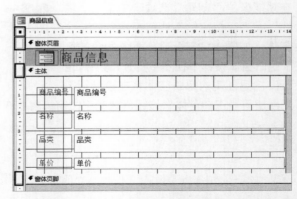

图 10-30　使用"属性表"窗格选择对象　　**图 10-31　在设计视图中使用选择器选择窗体中的特定部分**

10.3.2　理解和设置对象的属性

"属性"是一个对象具有的特征，例如姓名、年龄、身高、体重都是"人"这种对象的属性。为属性设置不同的值可以区分同类对象中的不同个体。例如，一个人的体重是 50kg，另一个人的体重是 60kg。很多属性可以具有相同的值，例如体重；而有些属性永远不存在相同的值，例如身份证号码。

在 Access 中，通过设置窗体的属性可以改变窗体的外观和行为，属性的设置需要在"属性表"窗格中操作。如果要打开"属性表"窗格，需要先在布局视图或设计视图中打开窗体，然后在功能区的"窗体布局工具 | 设计"或"窗体设计工具 | 设计"选项卡中单击"属性表"按钮，如图 10-32 所示。

打开的"属性表"窗格默认显示在 Access 窗口的右侧，用户可以使用鼠标拖动其顶部移动它的位置，如图 10-33 所示。

图 10-32　单击"属性表"按钮　　　　　**图 10-33　"属性表"窗格**

在"属性表"窗格的上方有一个下拉列表，在未打开该下拉列表的情况下，当前显示的名称是正在设置属性的对象的名称。当在窗体中单击不同对象时，当前显示的名称会随之改变。

如图 10-34 所示，在窗体中当前选中的是"主体"节，在"属性表"窗格上方的下拉列表中也会显示"主体"。如果要设置窗体中其他对象的属性，则可以在"属性表"窗格中打开下拉列表，然后选择所需的对象，此时窗体中的相应对象会被自动选中。

图 10-34 窗体中选中的对象与"属性表"窗格中显示的对象相对应

技巧：如果要设置"窗体"对象的属性，则可以在布局视图或设计视图中的任意位置右击，然后在弹出的菜单中选择"表单属性"命令，如图 10-35 所示，在打开的"属性表"窗格中会自动选中"窗体"。

"属性表"窗格中的属性按照类别划分到不同的选项卡中。

● 格式：该选项卡中的属性用于设置对象的外观和格式。

● 数据：该选项卡中的属性用于设置窗体和控件绑定到的数据源，以及实际数据的显示方式。

● 事件：该选项卡中的属性用于设置鼠标、键盘或其他特定行为发生或状态改变时执行的操作。

● 其他：该选项卡中的属性用于设置对象的一些其他属性，例如在窗体视图中浏览数据时是否允许使用鼠标快捷菜单。

（a） （b）

图 10-35 选择"表单属性"命令

● 全部：在该选项卡中列出了所有属性。

当在"属性表"窗格中单击某个属性时，将在状态栏的左侧显示该属性的描述信息，如图 10-36 所示。

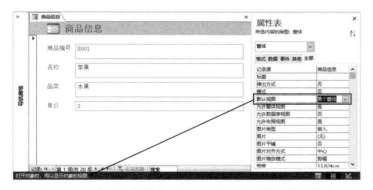

图 10-36 在状态栏的左侧显示当前选中属性的描述信息

如果要在"属性表"窗格中设置对象的属性，则可以在属性表中单击要设置的属性，然后在其右侧输入或选择所需的属性值。此外，在执行某些操作时也在改变对象的属性，这些操作包括：

● 使用功能区命令设置对象的外观，例如大小、颜色、字体等。

● 使用鼠标或键盘调整对象的大小、位置等。

● 使用从绑定字段或控件的默认属性继承的属性。

10.3.3　设置打开窗体时数据的显示方式

运行窗体时的默认视图是指 10.1.1 节介绍的不同窗体类型中的数据显示方式，例如单项目窗体、多项目窗体、数据表窗体和分割窗体。用户可以指定在打开窗体时以哪种方式显示数据，为此需要设置"窗体"的"默认视图"属性，操作步骤如下：

（1）在布局视图或设计视图中打开要设置的窗体。

（2）按 F4 键，打开"属性表"窗格，在其上方的下拉列表中选择"窗体"。

（3）在"属性表"窗格中选择"格式"或"全部"选项卡，然后单击"默认视图"属性，在其右侧的下拉列表中选择所需的视图，如图 10-37 所示。

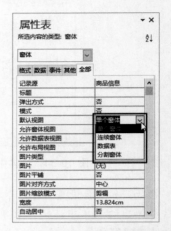

图 10-37　设置运行窗体时的默认视图

注意：在布局视图或设计视图中设置"默认视图"属性时，设置结果的生效方式有所不同。在布局视图中设置该属性时，需要保存和关闭当前窗体，且设置在下次打开该窗体时才会生效。在设计视图中设置该属性时，只需切换到窗体的其他视图即可生效，除了"数据表"选项外。

10.3.4　设置窗体区域的大小

窗体中的空白区域是在设计视图中设计窗体时的工作区域，在该区域中可以放置不同类型的控件，并对它们进行排列组合。用户可以调整窗体区域的大小，只需将鼠标指针移动到窗体区域的边界或右下角，当鼠标指针变为双向箭头或十字箭头时，拖动鼠标即可调整区域的大小，如图 10-38 所示。

图 10-38　调整窗体区域的大小

通过在"属性表"窗格中设置属性可以精确地控制窗体区域的大小。打开"属性表"窗格，在其上方的下拉列表中选择"窗体"，然后在"格式"选项卡中设置"宽度"属性，该属性用于控制窗体区域的宽度，如图 10-39 所示；在"属性表"窗格上方的下拉列表中选择"主体"，然后在"格式"选项卡中设置"高度"属性，该属性用于控制窗体区域的高度，如图 10-40 所示。

图 10-39　设置窗体区域的宽度　　　　图 10-40　设置窗体区域的高度

注意：在将窗体区域的大小从大往小设置时，如果窗体中包含控件，则在设置窗体区域的高度时，高度值不能小于在窗体区域垂直方向上位于最下方的控件所在位置的高度。窗体宽度的设置方式与此类似。在将窗体区域的大小从小往大设置时，一个技巧性的操作是将控件向窗体的右边缘或下边缘拖动，拖动后窗体的宽度或高度会随着控件移动的方向自动增加。

10.3.5　设置窗体的数据源

如果要在窗体中显示表或查询中的数据，则需要将窗体与特定的表或查询绑定在一起。在 10.2 节创建的各种窗体中能够显示数据，是因为在创建窗体时 Access 自动完成了数据绑定操作。如果创建的是空白窗体，则需要由用户手动完成数据绑定操作。

通过设置窗体的"记录源"属性可以将窗体绑定到数据源，操作步骤如下：

（1）按 F4 键，打开"属性表"窗格，在上方的下拉列表中选择"窗体"。

（2）在"数据"选项卡中单击"记录源"属性，然后在其右侧的下拉列表中选择当前数据库中的表或查询，即可将其与窗体绑定在一起，如图 10-41 所示。

图 10-41　选择要与窗体绑定的数据源

10.3.6　设置窗体的背景

为了增强窗体的显示效果，用户可以为窗体设置背景图片。下面为"商品信息"窗体设置一个背景图片，操作步骤如下：

（1）在布局视图或设计视图中打开"商品信息"窗体。

（2）在功能区的"窗体布局工具 | 格式"或"窗体设计工具 | 格式"选项卡中单击"背景图像"按钮，然后选择"浏览"命令，如图 10-42 所示。

图 10-42　选择"浏览"命令

（3）打开"插入图片"对话框，双击要作为窗体背景的图片，返回 Access 窗口，将选中的图片设置为窗体的背景，如图 10-43 所示。

以后再次单击功能区中的"背景图像"按钮时，之前使用过的图片都会显示在弹出的图像库中。右击其中的图片，在弹出的菜单中可以对图片执行重命名、更新和删除操作，如图 10-44 所示。

图 10-43　为窗体设置背景

图 10-44　在图像库中管理曾经使用过的图片

删除图像库中的图片不会影响已经为窗体设置的背景。如果要删除窗体的背景，则需要在"属性表"窗格中选择"窗体"，然后在"格式"选项卡中单击"图片"属性，其右侧显示了为窗体设置的背景图片的名称，如图 10-45 所示。按 Delete 键删除该属性的值，然后按 Enter 键，将打开如图 10-46 所示的对话框，单击"是"按钮，即可删除窗体中的背景图片。

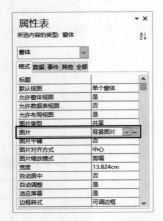

图 10-45　使用"图片"属性设置窗体背景

图 10-46　删除窗体背景时的确认信息

10.3.7　设置窗体的页眉和页脚

用户可以在窗体页眉和窗体页脚中添加文字、图片或控件。使用 10.1.3 节中的方法创建的窗体基本上都包含窗体页眉，其中显示窗体的标题。双击窗体页眉中的标题进入编辑状态，并显示一条闪烁的竖线，如图 10-47 所示。使用 Backspace 键或 Delete 键可以删除原有内容，然后输入新内容，并按 Enter 键完成修改。

图 10-47　编辑窗体页眉中的标题

如果只显示了窗体页眉，而没有显示窗体页脚或无法编辑窗体页脚，则通常是因为将窗体页脚的高度设置为 0，只需在"属性表"窗格中将窗体页脚的"高度"属性设置为非零的值即可，如图 10-48 所示。

如果创建的是空白窗体，则默认不会显示窗体页眉和窗体页脚，此时需要切换到窗体的设计视图，在窗体区域中右击，然后在弹出的菜单中选择"窗体页眉/页脚"命令，这样即可在空白窗体中显示窗体页眉和窗体页脚，如图 10-49 所示。

图 10-48　设置窗体页脚的高度

图 10-49　选择"窗体页眉 / 页脚"命令

在显示窗体页眉和窗体页脚的情况下，可以使用类似于调整窗体区域大小的方法调整窗体页眉和窗体页脚的大小。一种方法是使用鼠标拖动"主体"节的上边缘或下边缘来调整窗体页眉和窗体页脚的大小，另一种方法是在"属性表"窗格中设置窗体页眉和窗体页脚的"高度"属性。

如果要删除窗体页眉和窗体页脚，则可以在设计视图中右击窗体区域，然后在弹出的菜单中选择"窗体页眉/页脚"命令，以取消该命令的选中状态。如果在窗体页眉或窗体页脚中包含内容，则在执行该操作时会打开如图10-50 所示的对话框，单击"是"按钮，即可删除窗体页眉和窗体页脚及其中包含的内容，删除后的内容无法撤销。

图 10-50　删除窗体页眉和窗体页脚之前的确认信息

10.4　在窗体中查看和编辑数据

与在表中查看和编辑数据相比，在窗体中查看和编辑数据要简单方便得多，这是因为窗体提供了结构化的显示方式，而且可以控制在窗体中显示数据的数量。使用窗体的另一个优点是可以避免很多误操作。

10.4.1　使用窗体视图查看和编辑数据

在窗体中查看和编辑数据需要使用窗体视图，如图10-51 所示。虽然窗体视图与表的数据表视图有不同的数据显示方式，但是在窗体视图中包含的导航工具与数据表视图类似，它们位于窗体视图的底部，使用这些工具可以浏览窗体中的记录，其操作方法请参考 6.1.2 节。

图 10-51　窗体视图

除了使用窗体视图底部的导航工具浏览数据外，还可以使用键盘按键在同一条记录的各个字段或不同记录之间导航。表 10-1 列出了在窗体中导航时可以使用的快捷键。

表 10-1　在窗体中导航时可以使用的快捷键

按　　键	功　　能
Tab、下箭头或右箭头	定位到下一个字段
Shift+Tab、上箭头或左箭头	定位到上一个字段
Home	定位到当前记录的第一个字段
End	定位到当前记录的最后一个字段
Ctrl+Home	定位到第一条记录的第一个字段
Ctrl+End	定位到最后一条记录的最后一个字段
PgUp	定位到上一条记录
PgDn 或 Enter	定位到下一条记录

在窗体中编辑数据时，编辑结果会自动保存到与窗体绑定的表中，这样就可以直接在窗体中添加或修改记录，而不需要打开底层的表来完成这些操作。

在窗体中编辑数据的方法与在表的数据表视图中编辑数据类似，可以单击某个可编辑的控件，然后使用 Backspace 键或 Delete 键删除其中的内容，也可以使用鼠标或按 F2 键选中控件中的内容，然后输入所需的内容。

在窗体左侧有一个顶部带有右箭头的长条矩形，这是窗体中的记录选择器，如图 10-52 所示。单击记录选择器将选中窗体中当前显示的记录，按 Delete 键可以删除该记录。在窗体中修改数据时，记录选择器上的箭头将变为铅笔，以此标识正在编辑数据，类似于在数据表视图中编辑表数据。

保存窗体中的记录的方法与保存数据表中的记录类似，只要选择其他记录，就会自动保存之前的记录。另外，还可以单击快速访问工具栏中的"保存"按钮或按 Ctrl+S 快捷键保存记录。在保存记录时，记录选择器上显示的铅笔图标会自动消失。

如果不想使用或显示记录选择器，则可以设置窗体的"记录选择器"属性将其隐藏起来。在布局视图或设计视图中打开要设置的窗体，打开"属性表"窗格，在上方的下拉列表中选择"窗体"，然后在"格式"选项卡中将"记录选择器"属性设置为"否"，即可隐藏记录选择器，如图 10-53 所示。

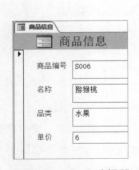

图 10-52　记录选择器

图 10-53　设置窗体的"记录选择器"属性

10.4.2　禁止在窗体中编辑数据

默认情况下，在窗体中对数据的修改会自动保存到与窗体绑定的表中。有时可能只想在窗体中显示数据，而不修改数据。设置窗体的"允许编辑"属性可以禁止用户修改窗体中的数据。

在布局视图或设计视图中打开要设置的窗体，然后打开"属性表"窗格，在上方的下拉列表中选择"窗体"，然后在"数据"选项卡中将"允许编辑"属性设置为"否"，即可禁止用户在窗体中编辑数据，如图 10-54 所示。

图 10-54　设置窗体的"允许编辑"属性

10.4.3　打印窗体

有时可能需要将窗体中显示的结构化数据打印到纸张上。在打印之前需要预览打印效果，并对打印细节进行调整和设置。单击"文件"按钮，在进入的界面中选择"打印"|"打印预览"命令，进入打印预览视图，在功能区中将显示"打印预览"选项卡，如图 10-55 所示。在打印预览视图中可以查看打印的实际效果，并对页面布局进行调整，包括纸张大小、页边距和其他一些选项。

图 10-55　打印预览视图

单击功能区中的"页面设置"按钮，打开如图 10-56 所示的"页面设置"对话框，可以在该对话框中对页面布局进行详细设置，包括页边距、纸张大小和方向、在每个页面中打印的列数及其尺寸方面的相关设置。如果要打印的是分割窗体，则可以只打印其中的窗体或数据表。

在功能区的"打印预览"选项卡中单击"打印"按钮，打开如图 10-57 所示的"打印"对话框，此处是打印前的最后设置，在该对话框中可以选择要使用的打印机，还可以设置打印的页面范围和份数。如果在打开该对话框之前在窗体中选择了一些记录，则"打印"对话框中的"选中的记录"单选按钮将变为可用状态，将其选中可以只打印选中的记录。

图 10-56　"页面设置"对话框

图 10-57　"打印"对话框

完成以上设置后，单击"打印"对话框中的"确定"按钮即可开始打印。如果在窗体中添加了页面页眉和页面页脚，则在打印窗体时会将它们打印到纸张上。如果要在窗体中显示页面页眉和页面页脚，可以切换到窗体的设计视图，然后在窗体区域中右击，在弹出的菜单中选择"页面页眉 / 页脚"命令。

第 11 章
在窗体中使用控件

虽然在 Access 中可以非常方便地创建不同类型的窗体，但是这些窗体的布局外观都是 Access 默认设置好的。如果对窗体的布局外观有特殊的要求，则可以自定义设置在窗体上显示的控件类型、位置和外观格式。本章将介绍控件的基本概念及其在窗体中的使用方法。

11.1 控件简介

本节将介绍控件的基本概念，理解这些内容有助于更好地创建和使用控件。

11.1.1 什么是控件

在 Access 中，控件是一切可以使用和操作的对象。功能区中以各种形式显示的命令，例如按钮、文本框、复选框、下拉列表、菜单等都是控件。控件为用户执行各种操作提供了可视化的界面，无论用户是否熟悉程序的功能，都可以使用控件直接进行操作。通过单击按钮或选择命令代替使用键盘输入一串字符命令，使操作变得简单和高效。

Access 中的控件主要有两种用途，即显示数据和输入数据。为了在窗体中显示表中的数据，需要将控件与表中的特定字段进行绑定，在控件中对数据的修改会自动保存到该控件绑定的字段。这类控件是"绑定控件"，类似于第 10 章介绍的绑定窗体。

如果没有将控件与任何字段绑定，则这类控件是"未绑定控件"。未绑定控件能够保留用户在控件中输入的内容，但是不会对表中的字段进行更新。这类控件在窗体中主要用于显示固定的内容。

11.1.2 控件的类型和属性

根据控件的外观、用途和操作方式，可以将控件划分为不同的类型。在布局视图或设计视图中打开一个窗体，在功能区的"窗体布局工具 | 设计"选项卡或"窗体设计工具 | 设计"选项卡的"控件"组中显示了可以使用的控件类型，设计视图中提供的控件类型更全面，如图 11-1 所示。

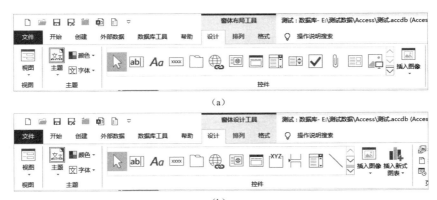

（a）

（b）

图 11-1　控件类型

表 11-1 列出了对每一种控件的简要说明。

表 11-1　在窗体和报表中可以使用的控件类型及其说明

控件类型	说　明
文本框	可以显示数据，也可以输入数据
标签	只能用于显示，通常显示固定的内容
按钮	单击时调用指定的宏或运行 VBA 代码
组合框	可以在组合框顶部的文本框中输入，也可以打开其下拉列表并从中进行选择
列表框	始终显示所有选项的列表，可以直接从中进行选择
复选框	一个可以选中或取消选中的方框，选中时方框中会出现一个对勾标记，否则为空
选项按钮	选中时会出现一个圆点，选项按钮通常成组出现，在同一组中只能选中一个选项按钮
选项组	为多个选项按钮、复选框或切换按钮提供分组方式
切换按钮	与复选框类似，但是以按下或弹起表示不同状态
选项卡控件	其外观类似选项卡，每个选项卡可以作为一个独立的界面，可以在各选项卡之间切换
图像	显示一个位图图片
图表	以图形化的方式显示数据
直线	显示一条可以改变颜色和粗细的直线
矩形	显示一个矩形，用于突出显示窗体中的特定区域
子窗体 / 子报表	在窗体或报表中嵌入其他的窗体或报表
页	在窗体或报表中添加一"页"，其他控件可以添加到该页中，可以存在多页
分页符	该控件主要在报表中使用，用于强制对报表分页
超链接	创建一个超链接，用于快速访问特定的文件或网页
Web 浏览器控件	在窗体中嵌入一个浏览器，可以正常访问网页
附件	用于管理"附件"数据类型的内容
绑定对象框	用于存储绑定到表字段的嵌入式图片或 OLE 对象
未绑定对象框	用于存储未绑定到表字段的嵌入式图片或 OLE 对象

控件的属性控制着控件的外观和行为，控件的大多数属性需要在"属性表"窗格中进行设置。控件属性的概念和设置方法类似于窗体的属性，第 10 章介绍的窗体属性的相关内容同样适用于控件属性。

11.2　在窗体中添加控件

根据控件的用途和用户操作控件的熟练程度，用户可以选择不同的方式在窗体中添加控件。在将控件添加到窗体后，需要对控件进行一些基本且重要的设置，包括将控件绑定到数据源、设置控件的名称和标题等。

11.2.1　使用字段列表添加控件

添加控件最简单的方法是使用字段列表，使用该方法添加的控件会自动绑定到表中的特定字段，添加控件后会自动在控件中显示表中的数据。对于不了解如何将控件绑定到数据源的用户，使用字段列表添加控件可能是最好的选择。

在布局视图或设计视图中打开要添加控件的窗体，然后在功能区的"窗体布局工具 | 设计"或"窗体设计工具 | 设计"选项卡中单击"添加现有字段"按钮，打开"字段列表"窗格，其中显示了与当前窗体绑定的表中的所有字段，如图 11-2 所示。单击窗格上方的"显示所有表"，将显示数据库中的其他表。单击表名开头的加号，将显示表中包含的字段，如图 11-3 所示。

图 11-2　显示绑定的表中的字段　　　图 11-3　显示所有表中的字段

用户可以使用以下 3 种方法将"字段列表"窗格中的字段以绑定控件的形式添加到窗体中。

- 双击：在"字段列表"窗格中双击要添加的字段。
- 右击：在"字段列表"窗格中右击要添加的字段，然后在弹出的菜单中选择"向视图添加字段"命令，如图 11-4 所示。
- 拖动：使用鼠标将所需的字段从"字段列表"窗格中拖动到窗体，如图 11-5 所示。用户可以一次性将多个字段拖动到窗体中，只需选择多个字段，然后一起拖动。

对于一个新建的空白窗体，如果还未将其绑定到任何数据源，

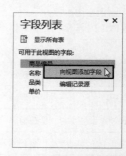

图 11-4　选择"向视图添加字段"命令

则在打开的"字段列表"窗格中不会显示任何字段，如图 11-6 所示。单击窗格上方的"显示所有表"，将显示当前数据库中的所有表，然后单击表名开头的加号以显示表中的字段，再将所需的字段添加到窗体中。在将任意一个字段添加到窗体后，Access 会自动将窗体绑定到该字段所属的表。

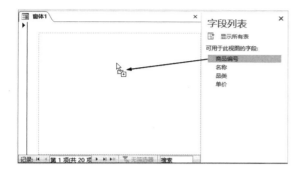

图 11-5 使用拖动的方法添加控件

（a） （b）

图 11-6 窗体未绑定数据源时打开的"字段列表"窗格

11.2.2 使用控件库添加控件

使用控件库添加控件是最灵活的方式，因为可以根据需要添加 Access 支持的所有类型的控件。但是使用这种方法添加的控件不会自动绑定到指定的字段，需要用户手动将控件绑定到数据源。

在布局视图或设计视图中打开窗体，然后在功能区的"窗体布局工具|设计"或"窗体设计工具|设计"选项卡的"控件"组中打开控件库，从中选择要添加的控件，然后在窗体区域中单击，即可添加所选控件，如图 11-7 所示。

图 11-7 控件库

添加的控件在不同视图下的窗体中具有不同的位置：

- 在布局视图中无论在窗体的哪个位置单击，第一个控件都被添加到窗体的左上角，如图 11-8 所示。
- 在设计视图中所选控件以 Access 默认大小添加到鼠标单击位置的附近，如图 11-9 所示。

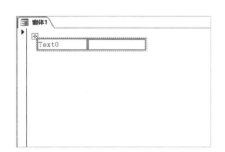

图 11-8 在布局视图中添加控件

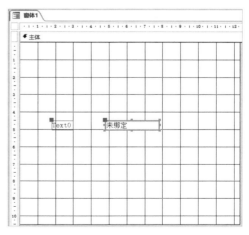

图 11-9 在设计视图中添加控件

与布局视图相比，设计视图为控件的操作提供了更多的灵活性。例如，在控件库中选择控件后，可以在设计视图的窗体区域中拖动鼠标绘制由用户指定大小的控件，而不是使用 Access 默认的控件大小，而且设计视图提供了更丰富的控件类型。本章后续内容将以设计视图为主要操作环境来介绍控件的各种操作。

11.2.3 使用控件向导添加控件

如果用户对控件的操作还不是很熟悉，则可以使用控件向导添加控件，按照向导提供的步进式指引逐步完成控件的添加和设置工作。用户可以使用控件向导添加文本框、按钮、组合框、列表框、图表、子窗体 / 子报表、选项组等控件，在添加其他控件时没有相应的控件向导。

在控件库中有一个"使用控件向导"选项，如图 11-10 所示。若选中该选项，在将控件库中的控件添加到窗体时会自动运行控件向导。

如图 11-11 所示为在窗体中添加文本框控件时显示的控件向导，按照向导的提示逐步操作，可以对文本框中文本的字体格式、对齐方式、行距、边距以及文本框控件的名称等逐一进行设置。注意，不同类型控件的控件向导包含的选项并不完全相同。

图 11-10　控件库中的"使用控件向导"选项

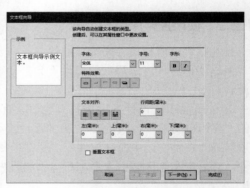

图 11-11　文本框控件的控件向导

11.2.4 将控件绑定到数据源

在使用控件库向窗体中添加控件时，控件不会自动绑定到任何数据源。如果要在控件中显示表或查询中的数据，则需要手动将控件绑定到表或查询中的特定字段。对于已经绑定到数据源的控件，用户可以随时更改绑定到的数据源。

在将控件绑定到数据源之前，需要先将控件所在的窗体绑定到特定的表或查询，具体方法请参考 10.3.5 节。在将窗体绑定到表或查询之后，通过设置控件的"控件来源"属性即可将控件绑定到表或查询中的特定字段，操作步骤如下：

（1）在窗体中选择要绑定的控件，然后按 F4 键。

（2）打开"属性表"窗格，在"数据"选项卡中单击"控件来源"属性，然后在其右侧的下拉列表中选择要绑定到的字段，如图 11-12 所示。

11.2.5 设置控件的名称和标题

控件的名称和标题是控件的两个重要的属性。"名称"属性标识一个控件，在"属性表"窗格上方的下拉列表中显示的就是控件的名称。

图 11-12　选择要绑定到的字段

通常，为控件起一个易于识别的名称，可以提高操作效率，并可避免出现混淆和误操作的问题。每个控件都有"名称"属性。为控件命名的原则与 3.3.2 节介绍的为表命名的原则类似，常用具有描述性的名称，并使用 3 个字母作为控件名称的前缀来标识控件的类型。例如，使用 lbl 表示标签控件，使用 txt 表示文本框控件。表 11-2 列出了常用控件类型的名称前缀。

表 11-2　常用控件类型的名称前缀

控件类型	前　缀	控件类型	前　缀
标签	lbl	组合框	cbo
文本框	txt	列表框	lst
按钮	cmd	切换按钮	tgl
复选框	chk	图像	img
选项按钮	opt	图表	cht
选项组	grp	选项卡控件	tab

控件的"标题"属性用于设置控件上显示的文本，只有一部分控件具有"标题"属性，例如标签、按钮等控件。如图 11-13 所示，在窗体中显示"商品编号"文字的是一个标签控件，由于将该控件的"标题"属性设置为"商品编号"，所以该控件在窗体上显示的文字是"商品编号"。

图 11-13　"标题"属性设置在控件上显示的文本

设置控件的名称和标题有以下两种方法：

- 在"属性表"窗格的"全部"选项卡中设置"名称"和"标题"两个属性，如图 11-14 所示。
- 对于控件的标题，还可以在控件中直接输入内容进行设置。例如，在窗体中选择一个标签控件，然后单击该控件，进入文本编辑状态，输入所需的内容并单击控件以外的区域即可，如图 11-15 所示。

图 11-14　在"属性表"窗格中设置控件的名称和标题

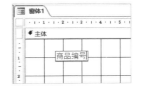

图 11-15　直接在控件中输入标题

11.3　调整控件在窗体中的布局

在将控件添加到窗体之后，为了使控件符合使用要求，需要对控件进行一系列调整和设置，包括调整大小、移动、更改类型、对齐、组合、设置文本格式、附加标签、复制和删除等操作。

11.3.1　选择控件

在对窗体中的任何控件进行操作之前，需要先选择要操作的控件。在选择控件之前，需要确保当前在控件库中选中的是"选择"，如图 11-16 所示。

选择一个控件的最简单方法是单击这个控件。在选中的控件的边缘会出现 8 个方块，将这些方块称为"控制点"，拖动它们可以调整控件的大小，如图 11-17 所示。在控件的左上角有一个稍大一点的灰色方块，拖动它可以移动控件。对于附加到控件的标签，当选中控件时，该附加标签的左上角也会出现灰色方块。

图 11-16　选择控件前需要在控件库中选中"选择"　　图 11-17　选中的控件的边缘会出现控制点

当窗体中包含很多控件时，选择某个控件可能会变得不太容易，此时可以在"属性表"窗格上方的下拉列表中通过选择控件的名称来选中该控件，如图 11-18 所示。用户还可以在功能区的"窗体设计工具 | 格式"选项卡的"所选内容"组中打开下拉列表，从中选择控件的名称来选择相应的控件，如图 11-19 所示。

图 11-18　在"属性表"窗格中选择控件　　　　　图 11-19　在功能区中选择控件

选择多个控件有以下几种方法：

- 拖动鼠标框选控件，位于鼠标框选范围内的控件都将被选中，如图 11-20 所示。这些控件不一定必须完全包含在鼠标框选范围内，只要相交就会被选中。
- 按住 Ctrl 键或 Shift 键，然后逐一单击要选择的每一个控件。
- 在水平标尺或垂直标尺上单击并拖动鼠标，如图 11-21 所示，该选择方式和效果类似于鼠标框选。
- 按 Ctrl+A 快捷键，将选中窗体中的所有控件，如图 11-22 所示。

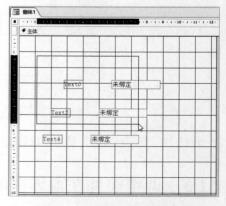

图 11-20　拖动鼠标框选控件

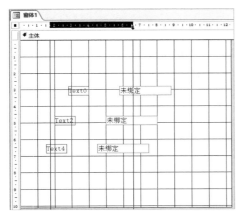

图 11-21　拖动标尺选择控件

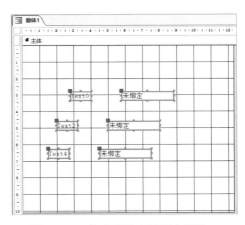

图 11-22　选中窗体中的所有控件

提示：*如果在使用第一种方法拖动鼠标框选控件时，想让只有完全位于鼠标框选范围内的控件才能被选中，则可以单击"文件"按钮并选择"选项"命令，打开"Access选项"对话框，在"对象设计器"选项卡中选中"全部包含"单选按钮，然后单击"确定"按钮，如图 11-23 所示。*

11.3.2　调整控件的大小

使用控件边缘上的控制点可以调整控件的大小。在选中控件后，将在其四周显示 8 个控制点，将鼠标指针移动到任意一个控制点上，当鼠标指针变为双向箭头时拖动控制点即可调整控件的大小，调整方式如下。

图 11-23　设置拖动鼠标框选控件时的选择方式

- 只调整控件的宽度：拖动控件左、右边缘中间位置上的控制点。
- 只调整控件的高度：拖动控件上、下边缘中间位置上的控制点。
- 同时调整控件的宽度和高度：拖动控件 4 个角上的控制点，如图 11-24 所示。

图 11-24　调整控件的大小

技巧：*如果在控件中包含文字，则可以双击控件边缘上的任意一个控制点，根据文字的多少自动调整控件的大小。*

使用 Access 提供的"大小"选项可以快速调整控件的大小。选择一个或多个控件，然后在功能区的"窗体设计工具 | 排列"选项卡中单击"大小 / 空格"按钮，弹出如图 11-25 所示的菜单，其中包含以下几个调整控件大小的命令。

- 正好容纳：将控件大小调整为正好适合控件中的文本长度。
- 至最高：将控件的高度调整为所有选中的控件中最高的高度。
- 至最短：将控件的高度调整为所有选中的控件中最低的高度。

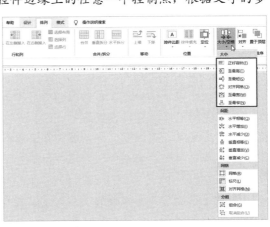

图 11-25　调整控件大小的命令

- 对齐网格：将控件大小调整到网格中最近的点。
- 至最宽：将控件的宽度调整为所有选中的控件中最宽的宽度。
- 至最窄：将控件的宽度调整为所有选中的控件中最窄的宽度。

提示：右击控件弹出的菜单中也包含设置控件大小的命令，在该菜单中还包含设置控件布局的命令，它们在功能区中都有相应的命令。

如果要精确设置控件的大小，则可以设置控件的"宽度"和"高度"两个属性，如图 11-26 所示。如果同时选中了多个控件，则在"属性表"窗格中的"宽度"和"高度"两个属性的值可能都为空，也可能其中之一为空，这是由于选中的多个控件的大小不相同所致。

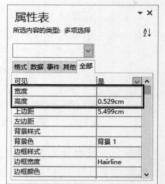

图 11-26　同时设置多个控件的大小

11.3.3　移动控件

移动控件有以下几种方法：

- 将鼠标指针移动到控件上，然后单击并按住鼠标左键，当鼠标指针变为十字箭头时将控件拖动到目标位置，如图 11-27 所示。
- 单击控件以将其选中，然后将鼠标指针移动到控件的边缘，当鼠标指针变为十字箭头时单击并按住鼠标左键，将控件拖动到目标位置，如图 11-28 所示。
- 单击控件以将其选中，然后按键盘上的方向键移动控件，每次移动一个像素。

图 11-27　单击并拖动控件　　　　图 11-28　拖动控件的边缘

当在窗体中添加类似文本框这样的控件时会自动附加一个标签控件，这种形式的控件称为"复合控件"。在使用上面介绍的方法移动文本框控件或标签控件时两个控件将同时移动。

如果要单独移动复合控件中的某个控件，则可以拖动该控件左上角尺寸相对较大的灰色方块，当鼠标指针指向该方块时，鼠标指针会变为十字箭头，此时拖动即可单独移动该控件。

如果将控件移到了错误的位置，则可以按 **Ctrl+Z** 快捷键撤销移动操作，该方法同样适用于调整控件大小的操作及控件的其他操作。

11.3.4　更改控件的类型

在窗体中添加控件后，可以随时更改控件的类型，并可保留已经为控件设置好的一系列选项。在窗体中右击要更改类型的控件，然后在弹出的菜单中选择"更改为"命令，在其子菜单中选择所需的控件类型，如图 11-29 所示。

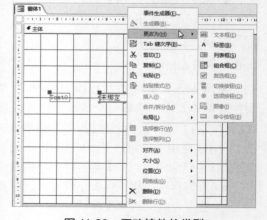

图 11-29　更改控件的类型

注意：在更改某些控件的类型时，可能需要在更改后删除原来附加的标签控件，并且可能需要对更改后的控件大小进行调整。

11.3.5　对齐控件

通常情况下，在一个窗体中会包含很多个控件，在设计时需要将多个控件以一定的基准进行对齐。Access 为控件的排列对齐提供了以下几个命令，它们位于功能区的"窗体设计工具 | 排列"选项卡的"对齐"按钮中，所有命令在至少选择两个控件时才变为可用状态。

- 对齐网格：将所选控件的左上角与最近的网格点进行对齐。
- 靠左：将所选控件的左边缘与选中的所有控件中位于最左边的控件的左边缘进行对齐。如图 11-30 所示显示了靠左对齐前后的效果。
- 靠右：将所选控件的右边缘与选中的所有控件中位于最右边的控件的右边缘进行对齐。
- 靠上：将所选控件的上边缘与选中的所有控件中位于最上边的控件的上边缘进行对齐。
- 靠下：将所选控件的下边缘与选中的所有控件中位于最下边的控件的下边缘进行对齐。

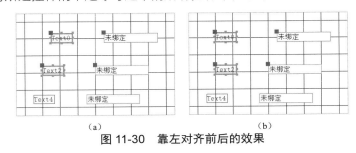

（a）　　　　　　　　　　　　　　（b）

图 11-30　靠左对齐前后的效果

注意：如果对选中的复合控件执行对齐命令，则会将其中一个控件移动到距离其最近的另一个控件的边缘并对齐。如图 11-31 所示为文本框控件及其附加的标签控件使用"靠左"命令前后的效果。

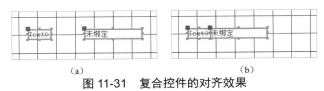

（a）　　　　　　　　　　　　　　（b）

图 11-31　复合控件的对齐效果

Access 还提供了调整多个控件间距的命令，这些命令以所有选中的控件中的前两个控件的间距为基准，对其他选中的控件的间距进行调整。调整间距的命令位于功能区的"窗体设计工具 | 排列"选项卡的"大小 / 空格"按钮中，各个命令的功能如下。

- 水平相等：当选中的多个控件横向排列时，选择该命令将使各个控件之间的水平间距相等。
- 水平增加：将选中的所有控件的水平间距增加一个网格单元。
- 水平减少：将选中的所有控件的水平间距减少一个网格单元。
- 垂直相等：当选中的多个控件纵向排列时，选择该命令将使各个控件之间的垂直间距相等。
- 垂直增加：将选中的所有控件的垂直间距增加一个网格单元。
- 垂直减少：将选中的所有控件的垂直间距减少一个网格单元。

11.3.6　组合控件

如果要同时调整多个控件，常规方法是分别选择这些控件并进行调整，这样每次要调整这些控件时都要重复执行选择操作。为了提高操作效率，可以将多个控件组合为一个整体，然后对组合中的所有控件进行统一调整，并且在移动这些控件时会保持它们之间的相对位置。

在窗体中选择要组合在一起的多个控件，然后在功能区的"窗体设计工具 | 排列"选项卡中单击"大小 / 空格"按钮，在弹出的菜单中选择"组合"命令，即可将选中的所有控件组合为一个整体。

当选择组合控件中的任意一个控件时，组合控件中的所有控件都会被选中。如果只想选择组合控件中的某个控件，则可以双击该控件。在调整组合控件中的任意一个控件的大小时，其他控件的大小也会同步改变，如图 11-32 所示。

如果要取消控件的组合状态，需要先选择组合控件，然后在功能区的"窗体设计工具 | 排列"选项卡中单击"大小 / 空格"按钮，在弹出的菜单中选择"取消组合"命令。

图 11-32　组合控件中所有控件的大小同时改变

11.3.7　使用布局组织控件

在基于数据库中的现有表创建窗体时，用户很难或无法单独移动窗体中的某个控件，而只能整体移动所有控件。在单击任意一个控件时，所有控件的外边缘将显示一个虚线框，左上角还有一个十字箭头，单击十字箭头将选中虚线框中的所有控件，如图 11-33 所示。

将控件的这种组织结构称为"布局"。在基于表或查询创建的窗体中，Access 自动为所有控件应用布局。在功能区的"窗体设计工具 | 排列"选项卡的"表"组中包含布局的相关命令，如图 11-34 所示。

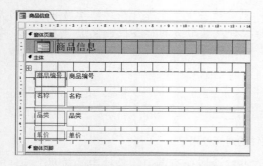

图 11-33　基于表或查询创建的窗体中的控件　　　图 11-34　功能区中的布局命令

布局分为"堆积"和"表格"两种，Access 默认使用"堆积"布局，该布局将所有控件及其附加的标签排列在垂直方向上。"表格"布局将所有控件及其附加的标签分两行排列在水平方向，标签在上，控件在下，分别位于"窗体页眉"节和"主体"节中。

用户可以对自己添加的多个控件应用"堆积"布局或"表格"布局，只需选择要应用布局的多个控件，然后单击功能区中的"堆积"或"表格"按钮。如图 11-35 所示为两种布局的效果。

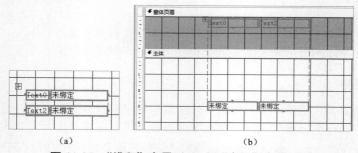

（a）　　　　　　　　　　　（b）

图 11-35　"堆积"布局（a）和"表格"布局（b）

如果要取消控件的布局，则需要选择布局中的任意一个控件，激活布局的虚线框，然后单击虚线框左上角的十字箭头，最后单击功能区中的"删除布局"按钮。

11.3.8　设置控件上显示的文本格式

对于标签、按钮等具有"标题"属性的控件，通过设置该属性可以改变控件上显示的文本。用户还可以为控件上的文本设置字体格式以改变文本的外观，与字体格式相关的命令位于功能区的"窗体设计工具 | 格式"选项卡的"字体"组中，如图 11-36 所示。

在为控件上显示的文本设置字体格式之前，需要先单击这个控件以将其选中，然后在"字体"组中选择所需的命令，这样即可为控件上的文本设置相应的字体格式。当为控件设置更大的字号时，控件本身不会自动放大以匹配其内部变大的文字，此时在功能区的"窗体设计工具 | 格式"选项卡中单击"大小 / 空格"按钮，然后在弹出的菜单中选择"正好容纳"命令，即可使控件自身的大小正好符合其内部的文字，如图 11-37 所示。

图 11-36　用于设置控件文本的字体格式的相关命令

图 11-37　使用"正好容纳"命令根据文字的大小自动调整控件的大小

11.3.9　将标签附加到控件上

对于复合控件来说，如果删除了其中附加的标签控件，则可以随时添加一个标签控件，并将其附加到指定的控件上。假设窗体中有一个文本框控件，在窗体中添加一个标签控件，并将其附加到文本框控件上，使它们成为复合控件，操作步骤如下：

（1）在功能区的"窗体设计工具 | 设计"选项卡的控件库中选择"标签"控件，如图 11-38 所示。

图 11-38　选择"标签"控件

（2）在窗体区域中拖动鼠标绘制一个标签控件，然后将其标题设置为"姓名"，如图 11-39 所示。

（3）单击标签控件以外的区域，退出文本编辑状态。然后单击标签控件以将其选中，此时将在该控件的左侧显示一个图标，如图 11-40 所示。

图 11-39　添加标签控件并输入标题　　**图 11-40　选中标签控件时其左侧显示一个图标**

（4）单击该图标，在弹出的菜单中选择"将标签与控件关联"命令，如图 11-41 所示。

（5）打开"关联标签"对话框，在列表框中选择要附加到的控件，如图 11-42 所示。单击"确定"按钮，即可将标签附加到文本框控件上，如图 11-43 所示。

图 11-41 选择"将标签与
控件关联"命令

图 11-42 选择要附
加到的控件

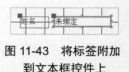

图 11-43 将标签附加
到文本框控件上

11.3.10 设置控件的 Tab 键次序

大多数控件有一个"Tab 键次序"，它决定每次按 Tab 键时插入点定位到哪个控件。插入点是在窗体视图中单击文本框控件内部时显示的闪烁的竖线，它表示当前接受输入的是哪个控件。

Access 默认按照用户在窗体中添加控件的顺序依次为控件设置 Tab 键次序。在实际操作中，可能会不断添加和删除控件，或者调整现有控件的排列顺序，因此设计完成后的所有控件的排列顺序与其 Tab 键次序可能并不完全一致，此时可以手动更改控件的 Tab 键次序，操作步骤如下：

（1）在功能区的"窗体设计工具 | 设计"选项卡中单击"Tab 键顺序"按钮，如图 11-44 所示。

（2）打开"Tab 键次序"对话框，如图 11-45 所示。左侧显示了窗体中当前启用的节，选择一个节，在右侧将列出所选节中包含的所有可以调整 Tab 键次序的控件，这些控件在对话框中的排列顺序就是它们的 Tab 键次序。

图 11-44 单击"Tab 键顺序"按钮

（3）单击要调整的控件左侧的灰色方块，将选中该控件所在的行，然后将其拖动到目标位置，即可改变该控件的 Tab 键次序。用户也可以在选择一行后拖动鼠标选择连续的多行，然后同时将多行拖动到目标位置，从而同时改变多个控件的 Tab 键次序，如图 11-46 所示。

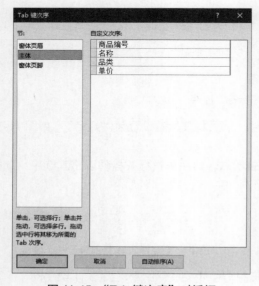

图 11-45 "Tab 键次序"对话框

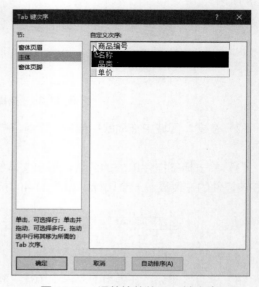

图 11-46 调整控件的 Tab 键次序

除了上面介绍的方法外，用户还可以在"属性表"窗格中通过设置"Tab 键索引"属性更

改控件的 Tab 键次序，如图 11-47 所示。单击该属性右侧的
⋯按钮，也会打开"Tab 键次序"对话框，然后设置 Tab 键
次序即可。

图 11-47　设置"Tab 键索引"属性

11.3.11　复制控件

如果要在窗体中添加类型相同、属性相同或相似的多个
控件，则可以先添加并设置好其中一个控件，然后复制该控件，
并对复制后的其他控件稍加修改，这样即可快速完成所需控
件的创建和设置工作。复制控件有以下几种方法：

- 右击控件，在弹出的菜单中选择"复制"命令，如图
  11-48 所示，然后在当前窗体或其他窗体中右击并选
  择"粘贴"命令。
- 选择要复制的控件，在功能区的"开始"选项卡中单
  击"复制"按钮，然后打开目标窗体，在功能区的"开
  始"选项卡中单击"粘贴"按钮。
- 选择要复制的控件，然后按 Ctrl+C 快捷键，再打开
  目标窗体，按 Ctrl+V 快捷键粘贴控件。

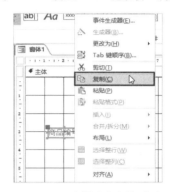

图 11-48　选择"复制"命令

11.3.12　删除控件

可以将不再有用的控件从窗体中删除，有以下几种方法：

- 选择一个或多个要删除的控件，然后按 Delete 键。
- 选择一个或多个要删除的控件，然后在功能区的"开始"选项卡中单击"剪切"按钮；
  或者右击这些控件中的任意一个，在弹出的菜单中选择"剪切"命令；还可以使用
  Ctrl+X 快捷键。
- 对于组合在一起的控件，只需单击其中的任意一个控件，然后按 Delete 键即可将整组控
  件删除。
- 对于位于同一个布局中的控件，只需单击布局虚线框左上角的十字箭头，选中布局中的
  所有控件，然后按 Delete 键，即可将整个布局及其中的所有控件删除。
- 对于包含附加标签的控件，如果选择该控件并按 Delete 键将其删除，则附加的标签也会
  随之删除；如果选择附加的标签并按 Delete 键，则只将标签删除。

11.4　创建计算控件

计算控件类似于计算字段，它们都是通过表达式创建的，因此计算控件不会与任何字段绑
定，也不会更新任何表中字段的值。要使一个控件成为计算控件，只需将该控件的"控件来源"
属性设置为一个表达式，这样即可在该控件中显示计算结果。

下面创建一个计算控件，计算"订单信息"窗体中每个订单的应付金额，操作步骤如下：

（1）在导航窗格中右击"订单信息"窗体，然后在弹出的菜单中选择"布局视图"命令，
如图 11-49 所示。

（2）在布局视图中打开"订单信息"窗体，在功能区的"窗体布局工具 | 设计"选项卡中选择
"文本框"控件，如图 11-50 所示。

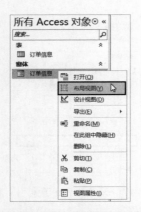

图 11-49　选择"布局视图"命令

图 11-50　选择"文本框"控件

（3）将鼠标指针移动到窗体中最后一个控件的下方，当显示水平粗线时单击，在最后一个控件的下方添加文本框控件，如图 11-51 所示。

（a）

（b）

图 11-51　在窗体中添加文本框控件

（4）双击附加到文本框控件的标签，进入文本编辑状态，输入"应付金额"，如图 11-52 所示。

（5）单击已添加的文本框控件以将其选中，按 F4 键，打开"属性表"窗格，在"数据"选项卡中将"控件来源"属性设置为以下表达式，如图 11-53 所示。

=[单价]*[订购数量]

图 11-52　设置标签控件的标题

图 11-53　设置"控件来源"属性

（6）由于在布局视图中窗体正处于运行状态，所以在完成第（5）步操作后即可在文本框控件中显示计算结果。在导航到其他记录时也会显示计算结果，如图 11-54 所示。

（a）　　　　　　　　　　　　　　　　　　　　　（b）

（c）　　　　　　　　　　　　　　　　　　　　　（d）

图 11-54　创建后的计算控件

第 12 章
创建和设计报表

与表、查询和窗体类似，报表也是 Access 中的一种数据库对象，而且在很多方面与窗体非常相似。本书前面章节中介绍的有关窗体的很多概念、功能和操作方法也同样适用于报表。报表是对表或查询中的数据进行分组、排序和汇总，并以特定的格式和页面布局显示在屏幕中或打印到纸张上。用户可以基于现有的表或查询创建报表，也可以从头开始设计报表中的所有内容。本章将介绍报表的基本概念，以及创建和设计报表的方法。

12.1　报表简介

本节将介绍报表的基本概念，理解这些内容有助于更好地创建和使用报表。

12.1.1　报表和窗体的区别

用户最初可能会混淆报表和窗体，因为两者有很多相似之处。例如，报表和窗体的整体结构都包括主体、页眉、页脚等部分，对各个部分的操作方法也基本相同；在报表和窗体中都可以添加控件，控件的操作方法也基本相同；对报表和窗体的各个部分及其中包含的控件的选择方式、属性设置方法等也都基本相同。

虽然报表与窗体存在如此多的相似之处，但是它们之间仍然有一个重要的区别，即它们的最终用途不同。窗体主要用于与用户之间的交互，窗体为用户查看、输入和编辑数据提供了简洁和高效的操作界面。报表主要用于以用户自定义的格式呈现和打印数据，因此在报表中通常不需要添加与用户进行交互的按钮、复选框和组合框等控件。

12.1.2　报表的组成结构和类型

与窗体类似，报表也是以"节"为单位进行组织的。在设计视图中显示了当前报表中包含哪些节，如图 12-1 所示。每一节区域的上方都有一个包含文字的矩形条，其中的文字说明了该区域是报表中的哪个节。单击

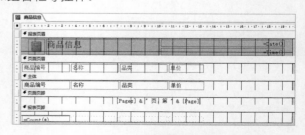

图 12-1　报表的组成结构

矩形条或其左侧的方块都可以选中相应的节。

一个报表固定包含以下 5 个节。

- 报表页眉：报表页眉中的内容始终显示在报表第一页的顶部，可以将固定不变且用于说明整个报表的内容放置到报表页眉中，例如报表标题、徽标或制作日期。如果将报表页眉的“强制分页”属性设置为“节后”，则可将报表页眉打印到单独的一页上，这样就可以为报表创建封面页，在其中放置报表的标题和图片。如果在报表页眉中添加计算控件，则会对整个报表中的特定字段进行计算。
- 页面页眉：页面页眉中的内容会打印到每一页的顶部。如果设置了报表页眉，则在打印的第一页顶部，页面页眉中的内容会显示在报表页眉的下方。
- 主体：主体是报表的主要组成部分，每个报表都应该至少包含主体。报表中包含的控件及其中显示的数据通常位于主体中。
- 页面页脚：页面页脚中的内容会打印到每一页的底部。无论是否设置了报表页脚，页面页脚都会打印到每一页的底部。
- 报表页脚：与报表页眉类似，报表页脚中的内容会始终显示在报表的最后一页。在设计视图中，报表页脚显示在页面页脚的下方，在其他视图中，报表页脚显示在报表最后一页中的最后一条记录的下方，而不是最后一页的底部。

如果对报表中的数据进行分组，则在报表中将显示组页眉和组页脚。在组页眉中可以显示分组的名称。例如，在按商品分组的报表中，使用组页眉可以显示商品的名称。在组页眉中也可以放置计算控件，用于对该组中的特定字段进行计算。一个报表可以包含多个组页眉，具体数量取决于已添加的分组级别数。组页脚的功能与组页眉类似。

根据业务需求和报表内容的布局结构，可以将报表分为以下 3 种类型。

- 表格式报表：表格式报表的外观类似于表在数据表视图中的显示方式，在一页中显示多条记录。如图 12-2 所示为一个简单的表格式报表，复杂的表格式报表会包含对数据进行分组和汇总的信息。
- 纵栏式报表：纵栏式报表中的数据呈纵向显示，在纵栏式报表的每一页中通常只显示一条主记录及其相关的子记录，例如商品订单或发货单。如果需要，也可以在纵栏式报表中显示多条记录。
- 标签式报表：标签式报表将多组简短的信息以特定的格式排列在一页中，例如联系人姓名、电话、地址等信息。

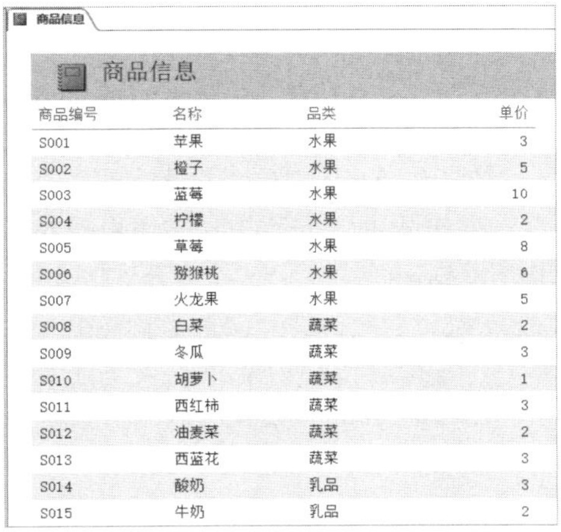

商品信息

商品编号	名称	品类	单价
S001	苹果	水果	3
S002	橙子	水果	5
S003	蓝莓	水果	10
S004	柠檬	水果	2
S005	草莓	水果	8
S006	猕猴桃	水果	6
S007	火龙果	水果	5
S008	白菜	蔬菜	2
S009	冬瓜	蔬菜	3
S010	胡萝卜	蔬菜	1
S011	西红柿	蔬菜	3
S012	油麦菜	蔬菜	2
S013	西蓝花	蔬菜	3
S014	酸奶	乳品	3
S015	牛奶	乳品	2

图 12-2　表格式报表

12.1.3　报表的 4 种视图

Access 为创建、设计、使用和打印报表提供了以下 4 种视图。

- 报表视图：显示报表的最终效果及其中包含的实际数据。
- 布局视图：对报表及其中包含的控件进行设计，可以完成对报表的大多数调整工作。在布局视图中报表实际正处于运行状态，因此可以在该视图中看到报表中的实际数据，这样非常适合于调整控件的大小或执行会影响报表外观和可用性的操作。

- 设计视图：更详细地查看报表的结构，在该视图中会显示组成报表的各个部分，例如页眉、主体和页脚。设计视图中的报表不会显示其包含的实际数据。在设计视图中可以执行在布局视图中无法完成的操作，有些操作只能在设计视图中完成。
- 打印预览视图：查看将报表打印到纸张上的实际效果，在该视图中显示了报表在纸张上的布局情况，包括报表在页面上的位置、页边距，并可以根据需要对纸张大小和方向、页边距等进行调整。

在报表的各个视图之间切换的方法与切换表视图类似，可以使用 Access 窗口底部状态栏中的视图按钮、功能区中的视图命令以及在导航窗格中使用鼠标快捷菜单等多种方法，如图 12-3 所示。

还有一种切换报表视图的方法，即在任意一种视图中打开报表，然后在报表中的非数据区域右击，在弹出的菜单中选择要切换到的视图类型，如图 12-4 所示。

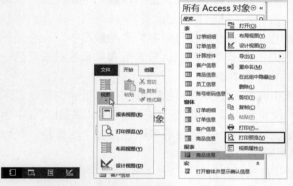

图 12-3　在报表的不同视图之间切换的方法　　　　图 12-4　打开报表后使用鼠标快捷菜单切换视图

12.2　使用报表向导创建报表

使用 Access 中的"报表向导"可以使报表的创建过程变得容易一些，只需按照向导的提示进行操作即可。本节将介绍使用报表向导创建报表的方法，读者以此可以了解创建一个报表的基本流程。

12.2.1　选择报表中包含的字段

在功能区的"创建"选项卡中单击"报表向导"按钮，将启动报表向导，打开如图 12-5 所示的"报表向导"对话框。在报表向导的第 1 个界面中选择要添加到报表中的字段。在"表 / 查询"下拉列表中选择一个现有的表或查询，其下方的"可用字段"列表框中将自动显示该表或查询中的所有字段，右侧的"选定字段"列表框中将显示添加到报表中的字段。

在"可用字段"列表框中选择要添加到报表中的字段，然后单击 ▸ 按钮，或者直接双击字段，即可将字段添加到右侧的"选定字段"列表框中。本例将"商品信息"表中的"商品编号""名称""品类"和"单价"4 个字段添加到报表中，如图 12-6 所示。然后单击"下一步"按钮。

提示：由于添加的是"商品信息"表中的所有字段，所以可以直接单击 ▸▸ 按钮一次性完成添加。

当添加来自于不同表中的同名字段时，Access 会在这些字段名称的开头添加表名，以区分不同表中的同名字段。如果添加了错误的字段，则可以在右侧的列表框中选择字段，然后单击 ◂ 按钮将其删除，还可以单击 ◂◂ 按钮一次性删除右侧列表框中的所有字段。

图 12-5　选择要添加到报表中的字段　　　　图 12-6　将所需字段添加到右侧的列表框中

12.2.2　选择数据的分组级别和分组方式

进入报表向导的第 2 个界面，在这里对报表中的数据进行分组，如图 12-7 所示。

如果要对报表中的数据进行分组，则可以从左侧的列表框中选择作为分组依据的字段，然后单击 > 按钮，在右侧的预览画面中将显示添加的分组字段。此处将"品类"字段指定为分组依据，如图 12-8 所示。

图 12-7　选择数据的分组级别和分组方式　　　图 12-8　选择作为分组依据的字段

在添加分组字段后，需要为分组字段选择具体的分组方式。单击界面下方的"分组选项"按钮，打开"分组间隔"对话框，其中包含的选项由分组字段的数据类型决定。例如，此处将"品类"指定为分组字段，该字段的数据类型是"文本"，则在"分组间隔"对话框的"分组间隔"下拉列表中提供的选项都是针对文本的。本例选择"普通"，如图 12-9 所示。

单击"确定"按钮，关闭"分组间隔"对话框，然后单击"下一步"按钮。

图 12-9　选择分组方式

12.2.3　选择数据的排序和汇总方式

进入报表向导的第 3 个界面，在这里选择是否以及如何对报表中的数据进行排序，如图 12-10 所示。

最多可以为报表设置 4 个排序字段，如果选择了多个排序字段，则先按第一个字段进行排序，对于相同的数据再按第二个字段进行排序，以此类推。在下拉列表中选择作为排序的字段，此处选择"商品编号"字段，如图 12-11 所示。单击右侧的按钮可以在"升序"和"降序"之间切换，以指定字段的排序方式。设置好后单击"下一步"按钮。

提示： 如果在之前的步骤中选择了分组字段，则可以单击"汇总选项"按钮，在打开的对话框中设置各组数据的汇总方式，如图 12-12 所示。右侧的选项用于设置在报表中是同时显示汇总结果及其相关的

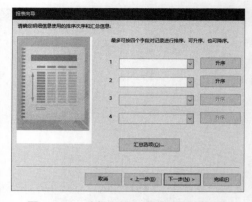

图 12-10　选择数据的排序和汇总方式

明细数据项，还是只显示汇总结果。如果选中"计算汇总百分比"复选框，则将显示各数据项在汇总结果中所占的百分比。

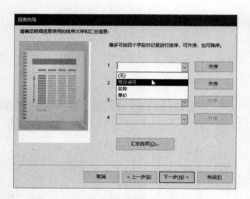

图 12-11　选择作为排序依据的字段

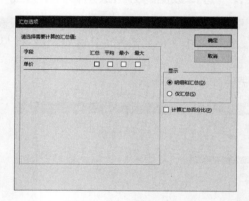

图 12-12　选择汇总方式

12.2.4　选择报表的布局类型

进入报表向导的第 4 个界面，在这里选择报表的页面布局和方向，如图 12-13 所示。在选择一个布局选项后，左侧的预览画面会自动反映当前选择的布局。此处选择"块"布局类型，页面方向选择"纵向"。设置好后单击"下一步"按钮。

提示： 如果添加到报表中的字段数量较多，则可以选中"调整字段宽度，以便使所有字段都能显示在一页中"复选框，使所有字段显示在同一页中。

12.2.5　预览和打印报表

图 12-13　选择报表的布局类型

进入报表向导的第 5 个界面，在这里为报表设置一个标题，该标题会显示在报表的报表页眉中，并作为报表本身的名称显示在导航窗格中，如图 12-14 所示。在界面下方还有两个单选按钮，它们决定在单击"完成"按钮后执行的操作。选中"预览报表"单选按钮可以在打印预览视图中打开创建的报表，选中"修改报表设计"单选按钮可以在设计视图中打开创建的报表，此处选中"预

览报表"单选按钮。

　　单击"完成"按钮，关闭报表向导，并在打印预览视图中打开创建后的报表，如图 12-15 所示。在打印预览视图中可以查看打印报表的实际效果，并可对页面布局进行调整，包括纸张大小、页边距和其他一些选项。

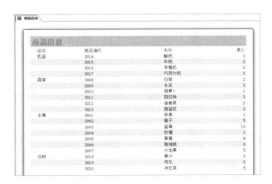

图 12-14　设置报表标题并选择后续操作　　图 12-15　在打印预览视图中打开创建后的报表

12.2.6　保存报表

　　在使用报表向导创建报表时，在最后一个界面中单击"完成"按钮后，将创建报表并自动将其保存到当前数据库中，报表的名称就是用户在最后一个界面中输入的标题。对于使用其他方法创建的报表，需要用户手动保存报表。

　　保存报表的方法与保存其他数据库对象的方法类似，可以按 **Ctrl+C** 快捷键、单击快速访问工具栏中的"保存"按钮或者单击"文件"按钮并选择"保存"命令，在打开的对话框中输入报表的名称，然后单击"确定"按钮。

12.3　将窗体转换为报表

　　如果在数据库中已经设计好一个或多个窗体，则可以直接将这些窗体转换为报表，然后对转换后的报表进行细节上的调整和修改。将窗体转换为报表的操作步骤如下：

　　（1）在任意一种视图中打开要转换的窗体，单击"文件"按钮并选择"另存为"命令，然后双击"对象另存为"命令，如图 12-16 所示。

　　（2）打开"另存为"对话框，在"保存类型"下拉列表中选择"报表"，然后输入报表的名称，如图 12-17 所示。

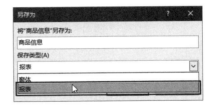

图 12-16　双击"对象另存为"命令　　图 12-17　将保存类型设置为"报表"

（3）单击"确定"按钮，将当前窗体转换为报表。

12.4　在设计视图中设计报表

使用报表向导创建报表的过程虽然简单、轻松，但是创建出的报表通常不能完全符合使用要求，用户还需要对报表的很多细节进行调整和修改。对于熟悉报表设计的用户来说，可能更倾向于从头开始创建和设计报表。本节主要介绍在设计视图中设计报表的方法，然而在设计报表的过程中可能经常需要在不同视图之间切换，互相配合共同完成报表的设计工作。

12.4.1　将报表绑定到表或查询

如果要从头开始设计报表，则需要使用功能区的"创建"选项卡中的"报表设计"按钮或"空报表"按钮，如图 12-18 所示，创建一个不包含任何内容的空白报表，然后在设计视图或布局视图中设计报表。

图 12-18　使用"报表设计"按钮或"空报表"按钮创建空白报表

创建报表的第一步是将报表绑定到特定的表或查询，这样就可以在报表中显示表或查询中的数据。如果报表中的字段来自于同一个表，则可以将报表绑定到这个表；如果报表中的字段来自于多个表，则需要先为这些表创建一个查询，然后将报表绑定到这个查询。即使报表中的字段来自于单个表，也可以通过查询以特定的字段顺序和数据排序方式返回表记录，然后将其作为报表的数据源。

与将窗体绑定到表或查询的方法类似，将报表绑定到表或查询也有两种方法。

1．使用"字段列表"窗格

使用功能区中的"空报表"按钮在布局视图中创建一个空白报表，同时打开"字段列表"窗格，如图 12-19 所示。由于此时报表还没有与任何表绑定，所以在"字段列表"窗格中不会显示任何表。

单击"字段列表"窗格中的"显示所有表"，将显示当前数据库中包含的所有表。单击表名左侧的 + 号展开特定的表，然后使用鼠标将所需的字段拖动到报表中。在拖动任意一个字段到报表中之后，即可自动将报表绑定到该字段所属的表，如图 12-20 所示。

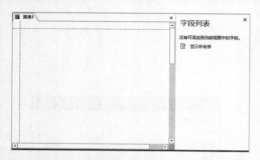

图 12-19　新建报表并显示"字段列表"窗格

图 12-20　将表中的字段拖动到报表中

使用相同的方法可以将同一个表中的其他字段拖动到报表中。实际上也可以将不同表中的字段拖动到报表中，以便在报表中使用来自于多个表中的字段。如果进行这种操作，Access 会在后台创建从多个表中检索数据的嵌入的查询。

2. 设置"记录源"属性

通过设置报表的"记录源"属性也可以将报表绑定到表或查询。使用功能区中的"报表设计"按钮在设计视图中创建一个空白报表，按 F4 键打开"属性表"窗格，在"数据"选项卡中单击"记录源"属性，然后在右侧的下拉列表中选择要绑定的表或查询，如图 12-21 所示。

图 12-21　选择要绑定的表或查询

12.4.2　设置报表的页面布局

在开始设计报表之前，可以先确定报表的页面布局，包括纸张大小和方向、页边距以及其他一些设置。这些命令位于功能区的"报表设计工具 | 页面设置"选项卡中，如图 12-22 所示。

在布局视图中显示指示页边距的虚线，报表中的所有内容都要放到虚线以内。在布局视图中单击报表的某个部分时会显示黄色的边框线，以此表示该部分的范围。如图 12-23 所示由黄色线条包围起来的矩形区域是报表的"主体"节。

图 12-22　"页面设置"选项卡中包含的设置报表页面布局的命令

图 12-23　在布局视图中显示页面边界和报表各部分的范围

12.4.3　调整页眉和页脚

在创建的空白报表中默认只包含页面页眉、主体和页面页脚 3 个部分，用户可以添加其他未显示的部分，或将现有部分从报表中隐藏或删除。"隐藏"和"删除"的含义不同，"隐藏"是指某个部分仍然显示在报表中，但是其高度为 0；"删除"是将某个部分从报表中移除，该部分不会显示在报表中。

"主体"节始终在报表中存在，但是可以将其高度设置为 0 使其隐藏起来。用户可以随时在报表中添加页面页眉、页面页脚、报表页眉和报表页脚 4 个节，或从报表中删除。在添加或删除这些页眉和页脚时必须成对操作，不能单独添加页眉或页脚，从报表中删除页眉和页脚也是如此。

与删除操作不同，隐藏页眉或页脚时可以单独操作，既可以只隐藏页眉或页脚，也可以同时隐藏页眉和页脚。虽然页眉和页脚处于隐藏状态，但是它们仍然出现在报表中。隐藏页眉或页脚的方法是将页眉或页脚的高度设置为 0。

如果要添加或删除页眉和页脚，则可以在包含节文字标识的矩形条上右击，然后在弹出的菜单中选择要添加或删除的页眉和页脚，如图 12-24 所示。

- 页面页眉 / 页脚：选择该命令将在报表中添加"页面页眉"和"页面页脚"两个节。如果打开的菜单中该命令已处于选中状态，则选择后将删除现有的"页面页眉"和"页面页脚"两个节。

- 报表页眉 / 页脚：选择该命令将在报表中添加"报表页眉"和"报表页脚"两个节。如果打开的菜单中该命令已处于选中状态，则选择后将删除现有的"报表页眉"和"报表页脚"两个节。

注意：如果页眉和页脚中包含内容，则在删除页眉和页脚时将显示如图 12-25 所示的提示信息，单击"是"按钮会将页眉和页脚及其中的内容一起删除。

图 12-24　添加或删除页眉和页脚　　　图 12-25　删除包含内容的页眉和页脚时显示的提示信息

12.4.4　在报表中添加和设置控件

在报表中添加控件并设置控件在报表中的布局是一项比较耗时的工作，尤其当报表中包含大量的控件时更是如此。在报表中添加和设置控件主要包括以下几项工作：

- 将控件添加到报表中。
- 在控件中输入文字或表达式。
- 设置控件中文字的字体格式和对齐方式。
- 在报表中放置控件的位置。
- 调整控件的大小。为了整齐，可能要兼顾其他控件的大小并进行统一调整。
- 对齐多个控件。为了使报表看起来整齐、专业，通常需要同时对齐相关的多个控件。
- 设置控件是否包含边框线，该设置会显著影响报表的外观。

将控件添加到报表中的方法与窗体相同，一种方法是从"字段列表"窗格中将字段拖动到报表中，拖动后会自动创建绑定到该字段的控件；另一种方法是在控件库中选择所需的控件类型，然后在报表中单击以创建默认大小的控件，或拖动鼠标绘制指定大小的控件。

如图 12-26 所示为在报表中添加的一个未绑定的文本框控件，它还会自带一个附加的标签控件。为了在文本框中显示表中的数据，需要将文本框控件绑定到特定的字段。选择文本框控件，然后打开"属性表"窗格，在"数据"选项卡中单击"控件来源"属性，然后在其右侧的下拉列表中选择要绑定的字段，如图 12-27 所示。

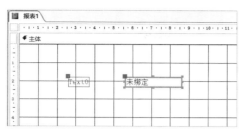

图 12-26 在报表中添加控件

图 12-27 将控件绑定到指定的字段

提示：如果在控件的"控件来源"属性的下拉列表中没有显示任何字段，则需要先将报表绑定到指定的表或查询。

单击控件并拖动鼠标，可以将控件移动到报表中的任意位置。如果报表中包含大量记录并需要显示在多页上，用户可能希望每一页中的记录顶部都显示记录标题，此时可以将包含文本框标题的标签控件移动到页面页眉中，而将文本框控件保留在主体中。

最简单的操作方法是使用控件的布局功能，选择文本框控件或附加到其上的标签控件，然后在功能区的"报表设计工具 | 排列"选项卡中单击"表格"按钮，将为这两个控件创建一个表格布局，并自动将标签控件移动到页面页眉中，如图 12-28 所示。

切换到布局视图查看效果，发现实际显示的数据与其标题之间的距离过大。此时可以切换到设计视图，单击"主体"中的空白位置，取消标签控件和文本框控件的选中状态，然后单击文本框控件以将其单独选中，将该控件向上拖动到"主体"节的上边缘，如图 12-29 所示。

图 12-28 自动将标签控件移动到页面页眉中 　 图 12-29 移动表格布局中的文本框控件

另外还可以将鼠标指针移动到"主体"节的上边缘，当鼠标指针变为上下箭头时向上拖动，将减少页面页眉的高度，这样可使文本框控件和标签控件的距离更近，如图 12-30 所示。切换到布局视图，可见此时的实际数据与其标题之间的距离已经很近了，如图 12-31 所示。

图 12-30 减少页面页眉的高度 　 图 12-31 在布局视图中查看实际数据的布局情况

使用相同的方法可以在报表中添加所需的多个控件，并调整这些控件的位置。如图 12-32 所示，在报表中添加了 3 个文本框控件，每个文本框控件都有一个附加的标签控件。由于前面已经创建了表格布局，在将其他控件添加到报表中并紧挨着现有控件的一侧放置时，新添加的控件会自动加入表格布局中。当作为布局中的元素放置时，将自动显示一个水平或垂直的竖线或横线，以表示将新控件与现有控件并排放置或垂直放置。

位于同一个布局中的控件的最外侧会显示一个虚线框，以此来表示布局的范围。如果要同时移动布局中的所有控件，可以单击布局左上角的十字箭头选中布局中的所有控件，然后拖动鼠标移动布局中的所有控件，如图 12-33 所示。

图 12-32　在报表中添加 3 个文本框控件　　图 12-33　单击十字箭头选中布局中的所有控件

提示：如果看不到十字箭头，则可以先选择布局中的任意一个控件，这样即可显示十字箭头。

调整控件大小和对齐多个控件的命令位于功能区的"报表设计工具 | 排列"选项卡的"调整大小和排序"组中，如图 12-34 所示。另外，也可以在选择要操作的控件后使用鼠标快捷菜单中的"对齐"和"大小"命令，进行对齐和调整。

图 12-34　"调整大小和排序"组中包含的调整控件大小和对齐多个控件的命令

添加的文本框控件或其他控件默认包含边框线，在最终设计完成的报表中通常不会显示这些多余的线条。选择要操作的控件，在功能区的"报表设计工具 | 格式"选项卡中单击"形状轮廓"按钮，然后在打开的下拉列表中选择"透明"命令，将删除控件的边框线，如图 12-35 所示。

由 Access 自动添加的某些控件还会带有网格线，网格线是布局的一种功能。为了删除这类控件的网格线，需要在选择控件后，在功能区的"报表设计工具 | 排列"选项卡中单击"网格线"按钮，然后在弹出的菜单中选择"无"命令，如图 12-36 所示。

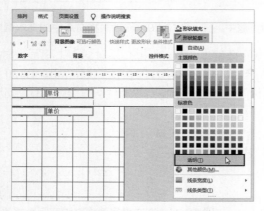 

图 12-35　选择"透明"命令　　　　　图 12-36　选择"无"命令

对控件的最后一个关键操作是设置控件中的文字格式。在选择控件后，可以在功能区的"报表设计工具 | 格式"选项卡的"字体"组中为控件中的文本设置字体格式，包括字体、字号、字体颜色、加粗、倾斜等。

对报表的外观起决定作用的一个格式设置是设置文本的对齐方式，包括左对齐、居中对齐、右对齐 3 种。内容的数据类型决定了它在控件中的默认对齐方式，文本默认为左对齐，数字与日期 / 时间默认为右对齐。如图 12-37 所示为将文本设置为居中对齐后在设计视图和布局视图中的效果。

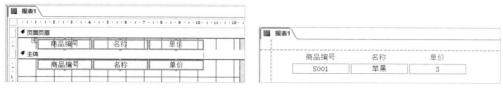

图 12-37　将文本设置为居中对齐

12.4.5　对数据分组、排序和汇总

用户可以在报表中使用分组功能对数据按照不同类别进行分组和分类汇总，还可以对各个组以及每组中的数据进行排序。实现此功能的是功能区的"报表设计工具 | 设计"选项卡中的"分组和排序"按钮，如图 12-38 所示。

单击"分组和排序"按钮，将在设计视图下方显示"分组、排序和汇总"窗格，如图 12-39 所示。单击"添加组"按钮，选择用作分组的字段并设置相关选项；单击"添加排序"按钮，选择用作排序的字段并设置相关选项。

图 12-38　使用"分组和排序"按钮对报表中
的数据进行分组、排序和汇总

图 12-39　"分组、排序和汇总"窗格

下面创建一个报表，其中的订单记录按照订购日期分组显示，同一天的订单记录按照订单编号升序排列，并统计每一天的订单总数，操作步骤如下：

（1）创建一个空白报表，将该报表绑定到"订单信息"表，然后将该表中的"订购日期"和"订单编号"两个字段添加到报表中，并按照 12.4.4 节介绍的方法对报表中的控件进行适当调整。

（2）切换到设计视图，在功能区的"报表设计工具 | 设计"选项卡中单击"分组和排序"按钮，然后单击"添加组"按钮，并选择"订购日期"作为分组依据的字段，如图 12-40 所示。

（3）选择分组字段后，在排序下拉列表中选择报表中各个组的排序方式，如图 12-41 所示。

图 12-40　选择用作分组的字段　　　　图 12-41　选择分组的排序方式

（4）在分组形式下拉列表中选择分组的具体形式，此处选择"按日"，如图 12-42 所示。

（5）单击"更多"按钮展开设置选项，在汇总下拉列表中将"汇总方式"设置为"订单编号"，将"类型"设置为"记录计数"，并选中"在组页脚中显示小计"复选框，如图 12-43 所示。

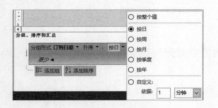

图 12-42　选择分组形式　　　　　　　图 12-43　设置汇总方式

（6）在当前设置的分组下单击"添加排序"按钮，设置组中数据的排序方式，如图 12-44 所示。

（7）在打开的下拉列表中选择作为排序的字段，此处选择"订单编号"，如图 12-45 所示。

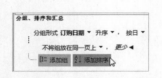

图 12-44　单击"添加排序"按钮　　　图 12-45　选择用作排序的字段

（8）打开"字段列表"窗格，将用作分组的"订购日期"字段拖动到报表的组页眉中，如图 12-46 所示。

提示：组页眉是在添加分组字段时自动创建的，组页眉的名称默认使用分组字段的名称命名。

（9）删除组页眉中附加的标签控件，然后将文本框控件移动到组页眉的顶部，使用对齐命令将其与页面页眉中的"订购日期"文本框控件对齐，并将文本框中的文字设置为居中对齐，如图 12-47 所示。

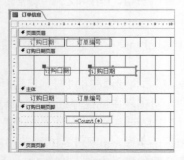

图 12-46　将用作分组的字段添加到组页眉中　　图 12-47　删除附加的标签控件并调整文本框控件的位置

（10）将"主体"节中的"订购日期"文本框控件删除，然后切换到布局视图，可以看到报表目前的效果，同一日期的订单自动分为一组，组中的订单按照订单编号升序排列，并在下方显示同一天的订单总数，如图 12-48 所示。

（11）现在需要为每组中的合计值添加一个标题，并删除合计值上方的灰色线条。切换到设计视图，在功能区的"报表设计工具 | 设计"选项卡的"控件"组中选择"标签"控件类型，然后在组页脚中绘制一个标签控件，并在其中输入"订单总数"，如图 12-49 所示。

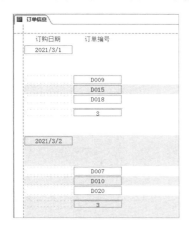

图 12-48　在布局视图中查看报表的效果

图 12-49　添加标签控件并输入文字

（12）将包含"订单总数"文字的标签控件与包含合计值的文本框控件对齐。选择合计值所在的文本框控件，然后在功能区的"报表设计工具 | 排列"选项卡中单击"网格线"按钮，在弹出的菜单中选择"无"，删除文本框上方的灰色线条，如图 12-50 所示。

（13）删除所有控件的边框线，然后向上拖动各个节的上边缘，缩小节的大小，使各个节中的内容紧密排列，完成后的报表如图 12-51 所示。

图 12-50　设置控件的对齐方式并删除网格线

图 12-51　完成后的报表

12.4.6　添加报表标题

报表标题用于概括性说明报表的用途或目的，通常显示在报表第一页的顶部，应该将报表标题放置在报表的"报表页眉"节中。下面为 12.4.5 节创建的报表添加内容为"日订单记录汇总"

的标题，并将标题放置到报表页眉的左上角，操作步骤如下：

（1）在设计视图中打开报表，右击报表中的任意一节的矩形条，在弹出的菜单中选择"报表页眉 / 页脚"命令，如图 12-52 所示。

（2）在报表中添加"报表页眉"和"报表页脚"两个节。在功能区的"报表设计工具 | 设计"选项卡的"控件"组中选择"标签"控件，然后在报表页眉中绘制一个标签，并在其中输入"日订单记录汇总"，如图 12-53 所示。

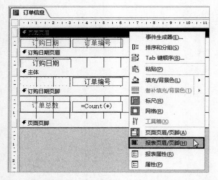

图 12-52　选择"报表页眉 / 页脚"命令

图 12-53　添加标签控件并输入文字

（3）单击标签控件以外的区域退出文本编辑状态，然后单击标签控件以将其选中，使用功能区的"报表设计工具 | 格式"选项卡的"字体"组中的命令为标签中的文本设置以下几种字体格式，如图 12-54 所示。

- 将字体设置为宋体。
- 将字号设置为 20 号。
- 将字体颜色设置为黑色。
- 将字体设置为加粗。

图 12-54　设置报表标题的字体格式

（4）设置后的效果如图 12-55 所示。为了让标题显示在一行中，先使用鼠标拖动标签控件的右边缘上的控制点，使文字显示在一行中，然后在功能区的"报表设计工具 | 排列"选项卡中单击"大小 / 空格"按钮，在弹出的菜单中选择"正好容纳"命令。

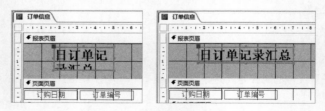

图 12-55　让标题显示在一行中

（5）将报表标题移动到报表页眉的左上角，并与其下方的控件进行左对齐，如图 12-56 所示。

（6）为了避免报表页眉的空白区域浪费空间，需要向上拖动页面页眉的上边缘，直到与报表标题紧挨在一起。添加标题后的报表如图 12-57 所示。

图 12-56 调整报表标题的位置　　　图 12-57 添加标题后的报表

12.4.7 为报表添加页码

如果报表不止一页，则应该为报表添加页码。页码通常显示在每页报表的底部，因此需要将页码放置在报表的"页面页脚"节中。如果有特殊的显示需要，也可以将页码放置在其他节中。为报表添加页码的操作步骤如下：

（1）在设计视图中打开报表，然后在功能区的"报表设计工具 | 设计"选项卡中单击"页码"按钮，如图 12-58 所示。

图 12-58 单击"页码"按钮

（2）打开"页码"对话框，选择页码的格式、位置和对齐方式，然后单击"确定"按钮，如图 12-59 所示。

（3）此时将在页面页眉的中间位置上插入一个文本框控件，并在其中输入好了用于显示页码的表达式，如图 12-60 所示。切换到报表的其他视图，将显示添加页码后的效果。

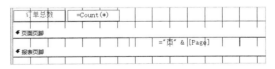

图 12-59 设置页码的相关选项　　　图 12-60 在报表中添加页码

第 13 章
使用宏自动完成任务

在本章之前的内容中，Access 中的所有操作都需要用户手动执行。使用宏可以让很多操作以更加自动和智能的方式执行。本章将介绍在 Access 中创建、运行和编辑宏的方法。

13.1 宏简介

本节将介绍宏的基本概念，理解这些内容有助于更好地创建和使用宏。

13.1.1 独立的宏和嵌入的宏

Access 中的宏是一些预置的操作，用户只需选择要使用的宏，并进行一些简单的设置，即可完成特定的操作。Access 中的宏按照其存储位置可分为两类，即独立的宏和嵌入的宏。独立的宏也是 Access 中的一种数据库对象，因此这类宏会显示在导航窗格中，适用于其他数据库对象的基本操作也同样适用于独立的宏，例如打开、保存、关闭、重命名、复制、删除等。

嵌入的宏存储在窗体或报表中，它们是窗体或报表的一部分，因此这类宏不会在导航窗格中显示。在修改窗体或报表中嵌入的宏时不会影响其他窗体或报表中嵌入的宏。如果将独立的宏同时用于多个窗体或报表，则对这个宏的修改结果将自动反映到所有使用该宏的窗体和报表。

13.1.2 常用的宏操作

Access 根据操作类别对预置的宏操作进行了划分，它们可以完成不同类型的任务。表 13-1 列出了常用的宏操作及其功能。

表 13-1　常用的宏操作及其功能

宏　操　作	功　　能
Beep	使计算机发出嘟嘟声
CloseDatabase	关闭当前数据库
CopyObject	复制指定的数据库对象

续表

宏操作	功　能
DeleteObject	删除指定的数据库对象
DeleteRecord	删除当前记录
DisplayHourglassPointer	运行宏时将光标变为沙漏形状，以表示当前状态
Echo	隐藏或显示宏运行过程中的结果
GoToRecord	定位到指定的记录
MessageBox	显示由用户指定标题和内容的消息框
OpenForm	打开指定的窗体
OpenQuery	运行指定的查询
OpenReport	打开指定的报表
OpenTable	打开指定的表
PrintObject	打印当前对象
RenameObject	重命名指定的数据库对象
SaveObject	保存指定的数据库对象
SaveRecord	保存当前记录
SelectObject	选择指定的数据库对象
SetProperty	设置控件的属性
SetWarnings	关闭或打开所有的系统消息

13.2　创建宏的基本流程

　　本节将介绍创建一个宏的基本流程，包括选择宏操作、设置宏参数、保存和运行宏等，使读者从整体上了解宏的创建过程。为了可以自动运行宏，本节最后介绍将宏指定给事件的方法。本节以创建独立的宏为例进行介绍，创建嵌入的宏的基本流程与此类似，但是存在少许区别，具体操作方法请参考 13.3.1 节。

13.2.1　选择预置的宏

　　与其他数据库对象的设计视图类似，宏也有自己的设计视图，创建宏的整个过程需要在设计视图中进行操作。如果要创建独立的宏，需要在功能区的"创建"选项卡中单击"宏"按钮，如图 13-1 所示。

图 13-1　单击"宏"按钮

　　Access 将创建一个新宏并进入宏的设计视图，在功能区中将显示"宏工具|设计"选项卡，左侧为创建和编辑宏的窗口，右侧为包含按照类别划分的宏操作的"操作目录"窗格，如图 13-2 所示。如果没有显示该窗格，则可以在功能区的"宏工具|设计"选项卡中单击"操作目录"按钮。

提示：一些隐藏的宏操作需要通过单击"宏工具 | 设计"选项卡中的"显示所有操作"按钮才会显示。

创建宏的第一步是将所需的宏操作添加到宏窗口中，有以下两种方法：

- 在宏窗口中单击"添加新操作"文字右侧的下拉按钮，然后在打开的下拉列表中选择所需的宏操作，例如选择"MessageBox"，如图 13-3 所示。
- 在"操作目录"窗格中单击箭头展开某个宏操作的类别，然后使用鼠标将所需的宏操作拖动到宏窗口中，如图 13-4 所示。

图 13-2　宏的设计视图

图 13-3　在下拉列表中选择宏操作

图 13-4　将宏操作拖动到宏窗口中

13.2.2　设置宏的参数

在宏窗口中添加一个宏操作后，接下来需要为这个宏操作设置所需的参数。参数为宏操作提供必要的数据，分为两种，一种是必须要设置的参数，另一种是可以设置或省略的参数。对于第二种参数，如果没有设置参数的值，则会使用 Access 提供的默认值。

在将宏操作添加到宏窗口后，将自动显示该宏操作包含的参数。如图 13-5 所示显示了 MessageBox 宏操作包含的 4 个参数。在参数右侧的文本框中显示"必需"文字的参数是必须要设置的参数，不设置就不能运行宏，例如"消息"参数。有些参数已由 Access 指定了默认值，例如"发嘟嘟声"参数，该参数的值默认为"是"，表示在显示消息框时将发出提示音。还有一些参数的文本框是空的，用户可以设置或省略这些参数，如果省略这类参数的值，则会使用 Access 的默认值。

为宏操作的参数设置所需的值，此处为 MessageBox 宏操作的 4 个参数进行以下设置，如图 13-6 所示。

- 将"消息"参数设置为"欢迎使用本系统！"。
- 将"发嘟嘟声"参数设置为"是"。

- 将"类型"参数设置为"信息"。
- 将"标题"参数设置为"欢迎信息"。

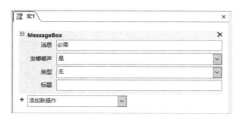

图 13-5　MessageBox 宏操作包含的参数　　图 13-6　设置 MessageBox 宏操作的参数

13.2.3　保存和运行宏

在完成前面的设置后，接下来可以运行宏查看效果。在运行宏之前需要先保存宏，右击宏窗口的选项卡标签，在弹出的菜单中选择"保存"命令，打开"另存为"对话框，在文本框中输入宏的名称，例如"欢迎信息"，然后单击"确定"按钮，如图 13-7 所示。

将宏保存到数据库后，在功能区的"宏工具 | 设计"选项卡中单击"运行"按钮，将运行该宏并显示运行结果。在本例中创建的宏将显示一个包含简单信息的对话框，其中的标题和信息内容都是由用户指定的，如图 13-8 所示。

图 13-7　保存宏　　　　　　　　图 13-8　宏的运行结果

13.2.4　通过事件自动运行宏

虽然可以通过在功能区中单击"运行"按钮运行宏，但是更好的方法是在用户执行特定操作时自动运行宏。事件是对象拥有的一种特性或功能，它能响应用户在对象上执行的操作。例如，当用户双击窗口顶部的标题栏时窗口将自动最大化显示，此处的"双击"就是"窗口"的一个事件，它接受用户的"双击"操作并做出"最大化"的响应。

如果将宏指定给对象的某个事件，当用户执行特定的操作触发该事件时就会自动运行这个宏，使宏的运行变得自动和智能。用户可以为 Access 中的很多对象指定宏，例如窗体、报表以及它们包含的控件。

下面通过一个示例介绍将宏指定给事件的方法。如图 13-9 所示，当用户双击"商品信息"窗体中的主体区域时自动显示欢迎信息，实现此功能的操作步骤如下：

图 13-9　双击窗体的主体区域时显示欢迎信息

（1）在布局视图中打开"商品信息"窗体，单击窗体中的"主体"节以将其选中，如图 13-10 所示。

（2）按 F4 键，打开"属性表"窗格，在上方的下拉列表中自动选中了"主体"。在"事件"选项卡中单击"双击"属性，在其右侧将显示一个下拉按钮，单击该下拉按钮，然后在打开的下拉列表中选择 13.2 节创建的"欢迎信息"宏，即可将该宏指定给窗体的"双击"事件，如图 13-11 所示。

图 13-10　选择窗体中的"主体"节

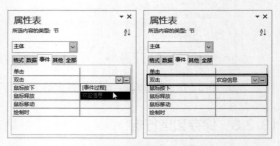

图 13-11　将宏指定给事件

13.3　创建不同类型和用途的宏

本节将介绍创建几种不同类型和用途的宏，包括嵌入的宏、执行多个操作的宏、执行条件判断的宏，以及使用临时变量增强宏的功能。

13.3.1　创建嵌入的宏

创建嵌入的宏的方法与创建独立的宏基本相同，唯一的区别是宏的存储位置。下面创建一个嵌入的宏，该宏不会显示在导航窗格中，而是存储在"商品信息"窗体中，当用户双击"商品信息"窗体中的主体区域时自动显示欢迎信息。实现此功能的操作步骤如下：

（1）在布局视图中打开"商品信息"窗体，然后单击窗体中的"主体"节以将其选中。

（2）按 F4 键打开"属性表"窗格，在"事件"选项卡中单击"双击"属性，然后单击其右侧的 ⋯ 按钮。

（3）打开"选择生成器"对话框，选择"宏生成器"，然后单击"确定"按钮，如图 13-12 所示。

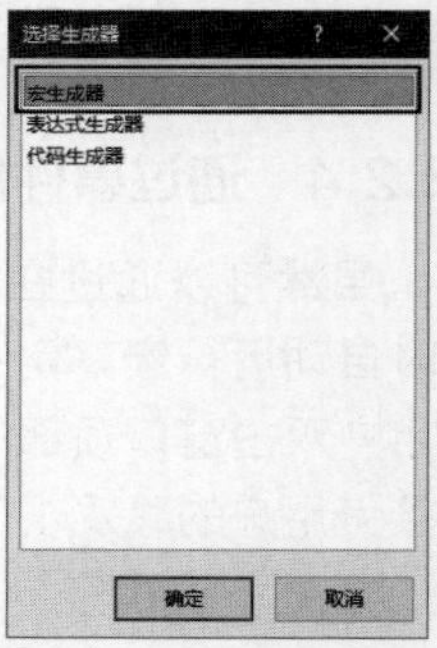

（4）打开嵌入的宏的宏窗口，其界面与 13.2 节介绍创建独立的宏时显示的设计视图基本相同。使用 13.2 节介绍的方法，在宏窗口中添加一个 MessageBox 宏操作，然后为其设置参数，如图 13-13 所示。

图 13-12　选择"宏生成器"

（5）在功能区的"宏工具 | 设计"选项卡中单击"关闭"按钮，打开如图 13-14 所示的对话框，单击"是"按钮，保存并关闭嵌入的宏。

图 13-13　为嵌入的宏设置参数

图 13-14　关闭未保存的宏时显示的提示信息

为窗体创建嵌入的宏的方法同样适用于报表以及窗体和报表中的控件。

13.3.2 创建执行多个操作的宏

本章前面内容中创建的宏都只能执行一个操作，但是在实际应用中一个宏可能需要执行多个操作。在运行宏时，这些操作会按照在宏中的排列顺序依次执行。在一个宏中添加多个操作的方法与添加一个操作类似，当一个宏包含多个操作时，这些操作将按照它们在宏窗口中的显示顺序依次执行。

下面创建一个可以执行 3 个操作的独立的宏，在运行该宏时首先显示欢迎信息，然后打开"商品信息"窗体，最后显示成功打开该窗体的确认信息。实现此功能的操作步骤如下：

（1）在功能区的"创建"选项卡中单击"宏"按钮，进入宏的设计视图。

（2）在宏窗口中单击下拉按钮，然后在打开的下拉列表中选择"MessageBox"，并为其设置参数，如图 13-15 所示。

（3）在宏窗口中单击 MessageBox 宏操作下方的下拉按钮，然后在打开的下拉列表中选择"OpenForm"，该宏操作可以打开一个指定的窗体，如图 13-16 所示。

图 13-15 为 MessageBox 宏操作设置参数

图 13-16 选择"OpenForm"

（4）为 OpenForm 宏操作设置以下几个参数，如图 13-17 所示。

- 将"窗体名称"参数设置为"商品信息"。
- 将"视图"参数设置为"窗体"。
- 将"数据模式"参数设置为"编辑"。
- 将"窗口模式"参数设置为"普通"。

（5）在宏窗口中添加第三个宏操作，该宏操作仍然是 MessageBox，为该宏操作设置以下几个参数，如图 13-18 所示。

图 13-17 为 OpenForm 宏操作设置参数

- 将"消息"参数设置为"成功打开【商品信息】窗体"。
- 将"发嘟嘟声"参数设置为"是"。
- 将"类型"参数设置为"信息"。
- 将"标题"参数设置为"确认信息"。

（6）按 Ctrl+S 快捷键，以"打开窗体并显示确认信息"为名称保存宏。在运行该宏时，首先显示标题为"欢迎信息"的对话框，然后自动在窗体视图中打开"商品信息"窗体，最后显示标题为"确认信息"的对话框，如图 13-19 所示。

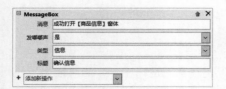

图 13-18　为第三个宏操作设置参数　　　图 13-19　运行宏时显示的两个对话框

13.3.3　创建执行条件判断的宏

为了使宏能够根据不同的情况执行不同的操作，可以在宏中添加条件判断，对应的宏操作是 If。如果用户熟悉 VBA 编程或使用过 Excel 中的 IF 函数，则会很容易理解 Access 中的 If 宏操作的用法。

在宏窗口中添加 If 宏操作后将显示如图 13-20 所示的界面。在 If 右侧的文本框中输入判断条件，如果条件成立，则执行 Then 之后的操作；如果条件不成立，则什么也不执行。

如果要在条件不成立时执行一种操作，则可以单击 Then 下方的"添加 Else"，在新增的 Else 下方添加所需的操作，如图 13-21 所示。如果要在 If 宏操作中设置多个条件，则可以单击 Then 下方的"添加 Else If"，根据条件的数量添加一个或多个 Else If，然后在每个 Else If 右侧设置不同的条件。

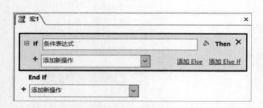
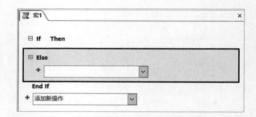

图 13-20　设置条件及其成立时执行的操作　　图 13-21　设置条件不成立时执行的操作

下面创建一个可以执行条件判断的宏，在打开"商品信息"窗体并双击窗体中的主体区域时，该宏将检查窗体页眉中的内容与窗体的名称是否相同，如果相同则显示"页眉文字与窗体名称一致"提示信息，否则显示"页眉文字与窗体名称不一致"提示信息。实现此功能的操作步骤如下：

（1）在功能区的"创建"选项卡中单击"宏"按钮，创建一个宏并打开宏窗口。

（2）在宏窗口中单击"添加新操作"文字右侧的下拉按钮，然后在打开的下拉列表中选择"If"，如图 13-22 所示。

（3）在 If 右侧的文本框的右侧单击"单击以调用生成器"按钮，如图 13-23 所示。

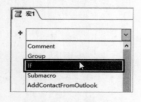
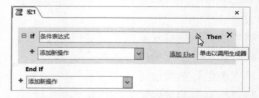

图 13-22　选择"If"　　　　图 13-23　单击"单击以调用生成器"按钮

（4）打开"表达式生成器"对话框，在上方的文本框中输入如图 13-24 所示的表达式，或者在下方的 3 个列表框中通过选择来输入表达式的各个部分。

```
Forms![商品信息]![Auto_Header0].Caption = Forms![商品信息].Name
```

（5）单击"确定"按钮，关闭"表达式生成器"对话框，返回宏窗口，在 If 右侧的文本框中自动填入了第（4）步中设置的表达式，如图 13-25 所示。

图 13-24　设置表达式

图 13-25　设置 If 判断条件

（6）在 If 下方添加一个 MessageBox 宏操作，并为其设置参数，如图 13-26 所示。

（7）单击 Then 下方的"添加 Else"，然后在 Else 下方添加一个 MessageBox 宏操作，并为其设置参数，如图 13-27 所示。最后以"条件判断"为名称保存该宏。

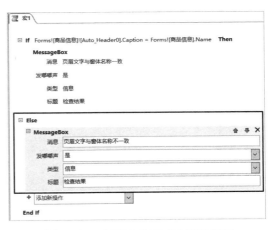

图 13-26　设置条件成立时执行的
MessageBox 宏操作

图 13-27　设置条件不成立时执行的
MessageBox 宏操作

（8）在布局视图中打开"商品信息"窗体，按 F4 键，打开"属性表"窗格。在上方的下拉列表中选择"主体"，然后在"事件"选项卡中将"双击"事件设置为前面创建的"条件判断"宏，如图 13-28 所示。

（9）保存窗体并切换到窗体视图，当双击窗体中的主体区域时将显示由用户指定的两个信息之一。如图 13-29 所示为当窗体页眉中的文字与窗体的名称相同和不相同时显示的两种不同的提示信息。

图 13-28　将创建的宏指定给"双击"事件

175

（a）　　　　　　　　　　　　　　　（b）

图 13-29　根据窗体页眉中的文字与窗体的名称是否相同显示不同的提示信息

13.3.4　使用临时变量增强宏的功能

在 13.2 节创建的"欢迎信息"宏中，欢迎信息的内容是用户输入的固定内容。如果要在欢迎信息中加入一些可能会发生变化的内容，例如用户名，则需要使用临时变量。

临时变量也是一种宏操作，其名称为 SetTempVar。SetTempVar 宏操作只有"名称"和"表达式"两个参数，"名称"参数设置临时变量的名称，"表达式"参数设置临时变量的值。在一个宏中需要先添加临时变量，然后添加所需的操作，在这些操作中可以通过临时变量的"名称"参数中的名称引用这个临时变量中的值。

下面以 13.2 节创建的"欢迎信息"宏为基础，在欢迎信息中显示由用户任意指定的姓名，操作步骤如下：

（1）按照 13.2 节介绍的方法创建一个完全相同的"欢迎信息"宏。

（2）在该宏中添加一个 SetTempVar 宏操作，然后为该宏操作设置参数，并修改 MessageBox 操作的"消息"参数，如图 13-30 所示。需要注意的是，必须让 SetTempVar 宏操作排在 MessageBox 宏操作之前。

图 13-30　为 SetTempVar 宏操作设置参数

- 将 SetTempVar 宏操作的"名称"参数设置为"UserName"。
- 将 SetTempVar 宏操作的"表达式"参数设置为"InputBox(" 请输入姓名："）"。
- 将 MessageBox 宏操作的"消息"参数修改为"=" 欢迎 " & [TempVars]![UserName] & " 使用本系统！""。在引用 SetTempVar 宏操作创建的临时变量时使用下面的格式，其中的"变量名"就是用户为"名称"参数设置的值，此处为 UserName。

```
[TempVars]![变量名]
```

提示：InputBox 是 Access 中的一个内置函数，用于显示一个输入对话框，其中包含一个文本框，单击该对话框中的"确定"按钮，InputBox 函数将返回用户在文本框中输入的内容。InputBox 函数只有第一个参数是必须设置的，该参数设置在对话框中显示的提示信息。

（3）保存并运行"欢迎信息"宏，打开如图 13-31 所示的对话框，在文本框中输入要在欢迎信息中显示的姓名，然后单击"确定"按钮，将显示如图 13-32 所示的欢迎信息，其中包含用户输入的姓名。

图 13-31　输入要在欢迎信息中显示的姓名　　　图 13-32　在欢迎信息中显示用户输入的姓名

13.4　编辑宏

对于已经创建好的宏，以后有可能需要对它们进行修改和调整，包括修改宏的名称和参数、调整宏操作的执行顺序、为多个宏操作分组、删除宏等。

13.4.1　修改宏操作的参数

如果要修改独立的宏，在导航窗格中右击该宏，在弹出的菜单中选择"设计视图"命令，然后在宏窗口中要修改的宏操作的范围内单击，将显示该宏操作的所有参数设置，并显示特定的背景色，根据需要进行修改即可，如图 13-33 所示。

如果要修改嵌入的宏，则可以在布局视图或设计视图中打开包含该宏的窗体或报表，按 F4 键打开"属性表"窗格，在"事件"选项卡中单击包含事件的属性右侧的⋯按钮，然后在打开的宏窗口中修改嵌入的宏。

图 13-33　处于编辑状态的宏操作显示特定的背景色

13.4.2　复制宏操作

通过复制现有的宏操作可以快速创建有细微差别的多个宏操作，从而节省设置相同参数的时间。在宏窗口中打开要编辑的宏，右击要复制的宏操作，然后在弹出的菜单中选择"复制"命令，如图 13-34 所示。接着右击宏中的某个宏操作，在弹出的菜单中选择"粘贴"命令，将复制的宏操作粘贴到其下方，然后对粘贴后的宏操作进行修改。

13.4.3　调整多个宏操作的执行顺序

当一个宏中包含多个宏操作时，用户可以随意调整各个宏操作之间的排列顺序，以便按照预计的顺序依次执行各个操作。如果要移动宏操作的位置，可以将鼠标指针移动到该宏操作的范围内，

图 13-34　选择"复制"命令

然后按住鼠标左键并将其拖动到目标位置，在拖动过程中显示的横线表示当前移动到的位置，如图 13-35 所示。另外还可以使用宏窗口中的"上移"和"下移"按钮调整宏操作的位置，如图 13-36 所示。

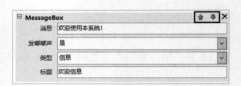

| 图 13-35　移动宏操作的位置 | 图 13-36　使用"上移"和"下移"按钮移动宏操作 |

13.4.4　为多个宏操作分组

如果在一个宏中包含数量较多的宏操作，则可以将执行相同任务的多个宏操作划分为一组，以便将所有宏操作划分为多个逻辑部分，便于操作和管理。为多个宏操作分组的操作步骤如下：

（1）选择要合并的其中一个宏操作，按住 Ctrl 键，然后逐一选择要合并的其他宏操作，即可选中所有这些宏操作。如果要合并的宏操作位于相邻的位置上，则可以在选择第一个宏操作后，按住 Shift 键并单击最后一个宏操作。按 Ctrl+A 快捷键将选中一个宏中的所有宏操作。

（2）右击选中的任意一个宏操作，在弹出的菜单中选择"生成分组程序块"命令，如图 13-37 所示。

（3）Access 将选中的宏操作合并为一组，并在这些宏操作的最外层添加一个 Group 宏操作。在 Group 右侧的文本框中输入组的名称即可，如图 13-38 所示。

| 图 13-37　选择"生成分组程序块"命令 | 图 13-38　创建分组 |

对于一个还不包含宏操作的新建的宏，可以先在其中创建分组，然后在分组中添加宏操作。只需在宏窗口中的下拉列表中选择"Group"，然后输入组的名称，即可创建一个分组，如图 13-39 所示。

用户可以将分组外的宏操作拖动到分组中，也可以将

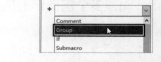

图 13-39　选择"Group"以创建分组

分组中的宏操作拖动到分组外,以此向分组中添加宏操作,或者将分组中的宏操作从分组中移除。

13.4.5　删除宏操作

删除宏操作有以下两种方法:

● 将鼠标指针移动到要删除的宏操作的范围内,当其右侧显示一个叉子形状时单击,即可删除该宏操作,如图 13-40 所示。

● 右击要删除的宏操作,在弹出的菜单中选择"删除"命令,如图 13-41 所示。

图 13-40　删除指定的宏操作

图 13-41　选择"删除"命令

如果要删除分组中的所有宏操作,则只需将整个分组删除即可。删除分组的方法与删除宏操作类似,可以使用上面介绍的任意一种方法。

注意:在删除宏操作和分组时不会显示确认信息。如果错误地删除了宏操作或分组,则可以按 Ctrl+Z 快捷键撤销删除操作,或者在不保存宏的情况下将其关闭。

第 14 章
优化和管理数据库

在数据库的使用过程中，不可避免地会遇到诸如性能下降、数据丢失、隐私泄漏等问题，这些问题会直接影响数据库的运行效率、稳定性和安全性。用户可以使用 Access 中的数据库优化和管理工具来解决这些问题，本章将介绍这些工具的使用方法。

14.1 优化数据库的性能

使用性能分析器可以分析和优化数据库中的各类对象。在 Access 中打开要进行优化的数据库，然后在功能区的"数据库工具"选项卡中单击"分析性能"按钮，如图 14-1 所示，打开"性能分析器"对话框。不同类型

图 14-1　单击"分析性能"按钮

的对象显示在相应的选项卡中，通过选中对象名称开头的复选框选中对象，如图 14-2 所示。选择要优化的对象，然后单击"确定"按钮，此时将在"性能分析器"对话框中显示分析结果，如图 14-3 所示。根据所选对象的实际情况，在"分析结果"列表框中会显示"推荐""建议"和"意见" 3 种结果中的一种或多种。在选择列表框中的某个项目时，下方会显示该项目的优化方法。"意见"优化类型需要用户手动修改和调整相应的内容，"推荐"和"建议"优化类型需要用户在列表框中选择相应的项目，然后单击"优化"按钮进行调整。

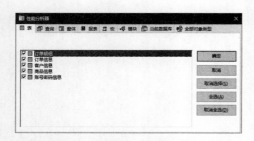

图 14-2　"性能分析器"对话框

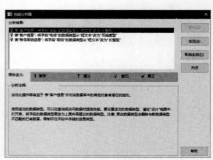

图 14-3　性能分析结果

14.2　压缩和修复数据库

在数据库的使用过程中，数据库的容量逐渐增大、性能逐步下降。导致这种情况的一个原因是 Access 会在完成很多任务时自动创建临时的隐藏对象，任务完成后这些临时对象仍然会保留在数据库中；另一个原因是在删除数据库对象后，Access 并未释放这些对象占用的磁盘空间。使用"压缩和修复数据库"功能可以解决这些问题。

14.2.1　自动压缩和修复数据库

通常在每次关闭数据库时让 Access 自动压缩和修复数据库。单击"文件"按钮并选择"选项"命令，打开"Access 选项"对话框，在"当前数据库"选项卡中选中"关闭时压缩"复选框，然后单击"确定"按钮，如图 14-4 所示。

图 14-4　选中"关闭时压缩"复选框

14.2.2　手动压缩和修复数据库

用户可以使用以下两种方法对当前打开的数据库进行压缩和修复：

- 在功能区的"数据库工具"选项卡中单击"压缩和修复数据库"按钮，如图 14-5 所示。
- 单击"文件"按钮并选择"信息"命令，然后单击"压缩和修复数据库"按钮，如图 14-6 所示。

图 14-5　单击"压缩和修复数据库"按钮

图 14-6　单击"压缩和修复数据库"按钮

提示：如果在数据库中打开了一些对象，则在单击"压缩和修复数据库"按钮时将自动关闭所有打开的对象。

14.3　保护数据安全

Access 提供了保护数据库安全的多种方式，适用于不同的应用环境和安全要求。本节将介绍保护数据库安全的 4 个功能，即设置信任数据库、设置宏安全性、加密和解密数据库、将数据库发布为 .accde 文件格式。

14.3.1　设置信任数据库

在打开一个数据库时，Access 会禁用该数据库中所有可能不安全的组件和代码，并在功能区的下方显示如图 14-7 所示的消息栏。

图 14-7　检测到数据库中存在安全隐患时显示的消息栏

如果用户不信任数据库中的内容，则可以单击消息栏右侧的叉子形状将其关闭，此时仍然可以查看数据库中的数据，但是无法使用已禁用的组件和代码。如果确定数据库中的内容是安全的，则可以使用以下两种方法解除其禁用状态。

1．使用消息栏

单击消息栏中的"启用内容"按钮，将解除已禁用的组件和代码。如果数据库发生更改，则在下次打开该数据库时可能需要重复执行该操作。如果数据库中的组件被禁用却并未显示消息栏，则可以通过以下设置恢复消息栏的显示，操作步骤如下：

（1）单击"文件"按钮并选择"选项"命令，打开"Access 选项"对话框。

（2）在"信任中心"选项卡中单击"信任中心设置"按钮，如图 14-8 所示。

（3）打开"信任中心"对话框，在"消息栏"选项卡中选中"活动内容（如 ActiveX 控件和宏）被阻止时在所有应用程序中显示消息栏"单选按钮，然后单击"确定"按钮，如图 14-9 所示。

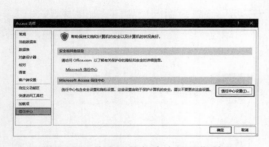

图 14-8　单击"信任中心设置"按钮

图 14-9　启用消息栏

2．设置受信任位置

Access 提供了一个称为"受信任位置"的文件夹，位于该文件夹中的所有数据库被 Access 认为是安全的，在打开这些数据库时不会显示消息栏，数据库中的所有内容都不会受到 Access 的任何限制。设置受信任位置的操作步骤如下：

（1）单击"文件"按钮并选择"选项"命令，打开"Access 选项"对话框，在"信任中心"选项卡中单击"信任中心设置"按钮。

（2）打开"信任中心"对话框，在"受信任位置"选项卡中显示了现有的受信任位置。如果要添加新的受信任位置，则单击"添加新位置"按钮，如图 14-10 所示。

（3）打开如图 14-11 所示的对话框，单击"浏览"按钮，选择要设置为受信任位置的文件夹，然后在这个对话框中单击"确定"按钮。如果要将所选文件夹中的所有子文件夹也设置为受信任位置，则需要选中"同时信任此位置的子文件夹"复选框。

对于已添加的受信任位置，可以在"受信任位置"列表中选择所需的受信任位置，然后单击"修改"或"删除"按钮，修改或删除选中的受信任位置。

图 14-10　查看和设置受信任位置

图 14-11　选择要设置为受信任位置的文件夹

14.3.2　设置宏安全性

Access 提供的宏安全性设置可以防止自动运行的恶意代码破坏 Access 甚至是操作系统。如果无法在 Access 中正常运行数据库中的宏，则可以更改宏安全性设置。另外，也可以为了保护数据库的安全，禁止在 Access 中运行所有宏。设置宏安全性的操作步骤如下：

（1）单击"文件"按钮并选择"选项"命令，打开"Access 选项"对话框，在"信任中心"选项卡单击"信任中心设置"按钮。

（2）打开"信任中心"对话框，在"宏设置"选项卡中设置宏安全性，设置好后单击"确定"按钮，如图 14-12 所示。右侧的第 2 项是 Access 的默认设置，如果确定每次打开的数据库都是安全的，则可以选中"启用所有宏（不推荐：可能会运行有潜在危险的代码）"单选按钮，这样就不需要在每次显示提示栏时单击"启用内容"按钮了。

图 14-12　设置宏安全性

14.3.3　加密和解密数据库

通过为数据库加密，可以防止别人随意打开包含重要内容的数据库。只有输入正确的密码才能打开加密后的数据库。在为数据库设置密码时必须以独占的方式打开数据库，加密数据库的操作步骤如下：

（1）启动 Access，但是不要打开任何数据库。单击"文件"按钮并选择"打开"命令，在进入的界面中选择"浏览"命令，如图 14-13 所示。

（2）在打开的对话框中选择要加密的数据库，然后单击"打开"按钮右侧的下拉按钮，在弹出的菜单中选择"以独占方式打开"命令，如图 14-14 所示。

图 14-13　选择"浏览"命令

提示：只有将数据库以独占方式打开，才能对数据库加密。

（3）将数据库以独占方式打开，单击"文件"按钮并选择"信息"命令，然后单击"用密码进行加密"按钮，如图 14-15 所示。

图 14-14　选择"以独占方式打开"命令　　　图 14-15　　单击"用密码进行加密"按钮

（4）打开"设置数据库密码"对话框，在"密码"和"验证"两个文本框中输入相同的密码，然后单击"确定"按钮，如图 14-16 所示。

这样以后打开该数据库时将打开如图 14-17 所示的对话框，输入正确的密码，然后单击"确定"按钮，即可正常打开数据库，如果输入错误的密码则无法打开数据库。

图 14-16　设置密码　　　　　　　　图 14-17　　打开数据库时需要输入密码

用户可以随时将已加密数据库的密码删除，这样以后打开该数据库时将不再需要输入密码。解密数据库的操作步骤如下：

（1）以独占的方式打开要解密的数据库，然后单击"文件"按钮并选择"信息"命令，在进入的界面中单击"解密数据库"按钮，如图 14-18 所示。

（2）打开"撤销数据库密码"对话框，在文本框中输入数据库当前的密码，然后单击"确定"按钮，即可删除数据库中的密码，如图 14-19 所示。

图 14-18　单击"解密数据库"按钮　　　　图 14-19　　输入数据库当前的密码

14.3.4　将数据库发布为 .accde 文件格式

如果数据库中包含 VBA 代码，并且不想让其他用户查看和修改这些代码，一种方法是将数据库发布为 .accde 文件格式，在保留代码功能正常运行和使用的同时对数据库中的所有代码模块进行编译，并删除所有可编辑的源代码。除此之外，.accde 文件格式还将禁止用户在设计视图中编辑窗体、报表和模块，并且不允许在该格式的数据库中导入窗体、报表和模块。

将数据库发布为 .accde 文件格式的操作步骤如下：

（1）在 Access 中打开要发布为 .accde 文件格式的数据库，单击"文件"按钮并选择"另存为"命令，然后双击"生成 ACCDE"命令，如图 14-20 所示。

（2）打开"另存为"对话框，导航到要存储 .accde 文件的文件夹，在"文件名"文本框中输入文件名称，然后单击"保存"按钮，即可将当前数据库发布为 .accde 文件格式，如图 14-21 所示。

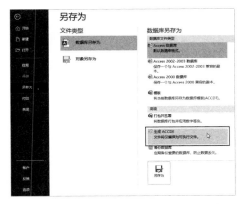

图 14-20　双击"生成 ACCDE"命令

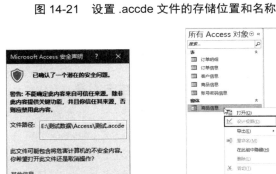

图 14-21　设置 .accde 文件的存储位置和名称

以后在 Access 中打开转换后的 .accde 文件时将显示如图 14-22 所示的对话框，单击"打开"按钮即可打开该文件。在导航窗格中右击窗体或报表时，弹出菜单中的"设计视图"命令将被禁用，如图 14-23 所示。

　　提示：如果已将宏安全性设置为启用所有宏，则在打开 .accde 文件时不会显示安全警告信息。

图 14-22　打开 .accde 文件　图 14-23　禁用窗体和报表
时显示安全警告信息　　　的"设计视图"命令

14.4　备份和恢复数据库

为了防止由于各种问题导致的数据损坏和丢失，应该定期对数据库进行备份，这样方便在出现问题时使用备份文件恢复数据库中的所有数据或特定的数据库对象。

14.4.1　备份数据库

在备份数据库之前，需要先在 Access 中打开这个数据库，但是不在数据库中打开任何对象，然后开始备份数据库，操作步骤如下：

（1）单击"文件"按钮并选择"另存为"命令，在进入的界面中双击"备份数据库"命令，如图 14-24 所示。

（2）打开"另存为"对话框，选择保存数据库副本的文件夹和名称，Access 默认使用数据库的原始名称和当前日期作为数据库副本的名称，然后单击"保存"按钮，即可为当前数据库创建副本，如图 14-25 所示。

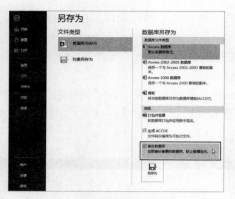

图 14-24　双击"备份数据库"命令　　　　　　　图 14-25　设置备份选项

14.4.2　使用数据库副本恢复所有数据

使用数据库副本恢复数据的方法很简单，操作步骤如下：

（1）打开 Windows 操作系统中的文件资源管理器，进入包含数据库副本的文件夹。

（2）右击数据库副本，在弹出的菜单中选择"复制"命令，或者选择数据库副本并按 Ctrl+C 快捷键，将数据库副本复制到 Windows 剪贴板。

（3）进入要将数据库恢复到的文件夹，在空白处右击，并在弹出的菜单中选择"粘贴"命令，或者按 Ctrl+V 快捷键，将复制的数据库副本粘贴到当前文件夹中。

（4）删除原来的数据库，然后为粘贴后的数据库副本设置合适的文件名。

14.4.3　恢复数据库中的特定对象

用户可以从备份的数据库副本中恢复特定的数据库对象，其操作方法与 6.3.1 节介绍的导入 Access 数据的方法基本相同。在 Access 中打开要恢复数据的数据库，然后打开"获取外部数据 -Access 数据库"对话框，选择要导入的数据库副本，在随后打开的"导入对象"对话框中选择要导入的对象即可，如图 14-26 所示。具体操作请参考 6.3.1 节。

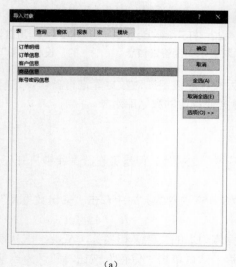
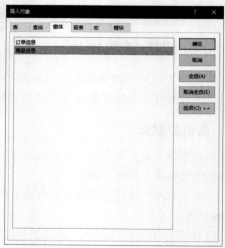

（a）　　　　　　　　　　　　　　　（b）

图 14-26　选择要导入的对象

无论数据库系统服务于哪个行业，创建和设计数据库的基本方法都无本质的区别。数据库中包含的数据并不重要，重要的是理解和掌握数据库的设计方法和内部的运作逻辑，即使面对千变万化的数据，在设计数据库时始终都能做到有条不紊。本书前面的各章分别介绍了在创建和设计数据库的各个阶段所使用的工具及具体操作方法，本章将这些知识和示例整合到一起，介绍创建一个简单的订单管理系统的完整流程。

15.1　创建订单管理系统中的表

在将要创建的订单管理系统中共有 4 个表，本节将介绍创建和设计这几个表的方法。在创建这些表之前需要先创建一个数据库。

15.1.1　创建"订单信息"表

"订单信息"表包含 3 个字段，它们的名称和数据类型如表 15-1 所示。

表 15-1　"订单信息"表中的字段名称和数据类型

字段名称	数据类型
订单编号	短文本
订购日期	日期 / 时间
客户编号	短文本

创建"订单信息"表的操作步骤如下：

（1）在功能区的"创建"选项卡中单击"表设计"按钮，将在设计视图中创建一个空白表。

（2）依次输入所需的字段并设置数据类型，然后将"订单编号"字段设置为主键，如图 15-1 所示。

（3）按 Ctrl+S 快捷键，以"订单信息"为名称保存该表，然后在数据表视图中输入数据，如图 15-2 所示。

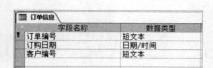

图 15-1　设计"订单信息"表的结构　　　　图 15-2　在"订单信息"表中输入数据

15.1.2　创建"订单明细"表

"订单明细"表包含 3 个字段，它们的名称和数据类型如表 15-2 所示。

表 15-2　"订单明细"表中的字段名称和数据类型

字段名称	数据类型
订单编号	短文本
商品编号	短文本
订购数量	数字

创建"订单明细"表的操作步骤如下：

（1）在功能区的"创建"选项卡中单击"表设计"按钮，将在设计视图中创建一个空白表。

（2）依次输入所需的字段并设置数据类型，不为该表设置主键，如图 15-3 所示。

（3）按 Ctrl+S 快捷键，以"订单明细"为名称保存该表，然后在数据表视图中输入数据，如图 15-4 所示。

图 15-3　设计"订单明细"表的结构　　　　图 15-4　在"订单明细"表中输入数据

15.1.3　创建"商品信息"表

"商品信息"表包含 4 个字段，它们的名称和数据类型如表 15-3 所示。

表 15-3　"商品信息"表中的字段名称和数据类型

字段名称	数据类型
商品编号	短文本
名称	短文本
品类	短文本
单价	数字

创建"商品信息"表的操作步骤如下：

（1）在功能区的"创建"选项卡中单击"表设计"按钮，将在设计视图中创建一个空白表。

（2）依次输入所需的字段并设置数据类型，然后将"商品编号"字段设置为主键，如图 15-5 所示。

（3）按 Ctrl+S 快捷键，以"商品信息"为名称保存该表，然后在数据表视图中输入数据，如图 15-6 所示。

图 15-5　设计"商品信息"表的结构　　图 15-6　在"商品信息"表中输入数据

15.1.4　创建"客户信息"表

"客户信息"表包含 6 个字段，它们的名称和数据类型如表 15-4 所示。

表 15-4　"客户信息"表中的字段名称和数据类型

字段名称	数据类型
客户编号	短文本
姓名	短文本
性别	短文本
年龄	数字
电话	数字
地址	短文本

创建"客户信息"表的操作步骤如下：

（1）在功能区的"创建"选项卡中单击"表设计"按钮，将在设计视图中创建一个空白表。

（2）依次输入所需的字段并设置数据类型，并为"性别"字段设置验证规则，即只允许在该字段中输入"男"或"女"，然后将"客户编号"字段设置为主键，如图 15-7 所示。

（3）按 Ctrl+S 快捷键，以"客户信息"为名称保存该表，然后在数据表视图中输入数据，如图 15-8 所示。

图 15-7　设计"客户信息"表的结构

图 15-8　在"客户信息"表中输入数据

15.1.5　为各个表创建关系

为了使 4 个表中的数据关联在一起，需要为这些表创建关系，操作步骤如下：

（1）在功能区的"数据库工具"选项卡中单击"关系"按钮，打开"关系"窗口。

（2）在窗口内右击，然后在弹出的菜单中选择"显示表"命令。

（3）打开"显示表"对话框，在"表"选项卡中选中所有表，然后单击"添加"按钮，再单击"关闭"按钮，如图 15-9 所示。

（4）将 4 个表添加到"关系"窗口中，然后为这些表创建关系，如表 15-5 所示。将各个表中的关联字段拖动到一起，在创建每个关系时打开的"编辑关系"对话框中选中"实施参照完整性""级联更新相关字段"和"级联删除相关记录"3 个复选框，然后单击"创建"按钮创建关系，如图 15-10 所示。

图 15-9　选择要添加的表

表 15-5　表关系的设置情况

父　　表	子　　表	关系类型	关联字段
"订单信息"表	"订单明细"表	一对多	订单编号
"商品信息"表	"订单明细"表	一对多	商品编号
"客户信息"表	"订单信息"表	一对多	客户编号

（a）

（b）

（c）

图 15-10　在"编辑关系"对话框中创建和设置关系

（5）为 4 个表创建关系后的效果如图 15-11 所示。在功能区的“关系工具 | 设计”选项卡中单击“关闭”按钮，在打开的对话框中单击“是”按钮，保存创建好的关系。

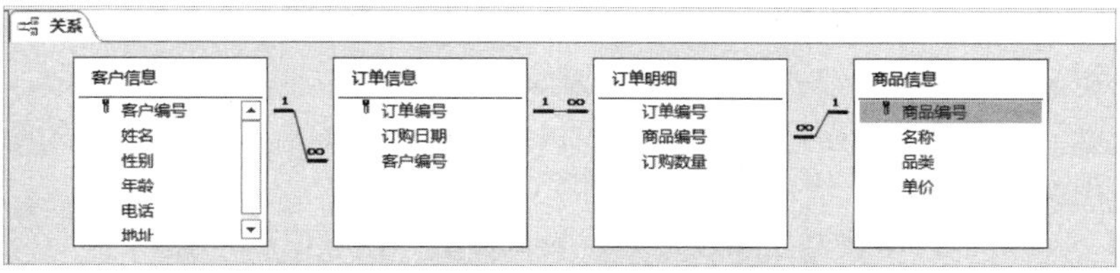

图 15-11　为 4 个表创建关系

15.2　创建查询、窗体和报表

本节将基于前面创建的 4 个表中的数据创建查询、窗体和报表。

15.2.1　创建订单金额汇总查询

下面创建一个查询，在其中显示每个订单的订单编号、订购日期、客户姓名、订单金额，操作步骤如下：

（1）在功能区的“创建”选项卡中单击“查询设计”按钮，打开查询设计器。

（2）打开“显示表”对话框，选择所有的表，然后单击“添加”按钮和“关闭”按钮。

（3）在查询设计网格中进行以下设置，如图 15-12 所示。

字段:	订单编号	订购日期	姓名	订单金额: [单价]*[订购数量]
表:	订单信息	订单信息	客户信息	
排序:				
显示:	☑	☑	☑	☑
条件:				
或:				

图 15-12　设计查询

- 在第 1 列添加“订单编号”字段，该字段来自于“订单信息”表。
- 在第 2 列添加“订购日期”字段，该字段来自于“订单信息”表。
- 在第 3 列添加“姓名”字段，该字段来自于“客户信息”表。
- 在第 4 列的“字段”行中输入下面的表达式，并选中该列与“显示”行交叉处的复选框。

```
订单金额: [单价]*[订购数量]
```

（4）在功能区的“查询工具 | 设计”选项卡中单击“汇总”按钮，在查询设计网格中添加“总计”行，将第 4 列的“总计”行设置为“合计”，如图 15-13 所示。

（5）以“订单金额汇总”为名称保存该查询，运行查询后的结果如图 15-14 所示。

字段:	订单编号	订购日期	姓名	订单金额: [单价]*[订购数量]
表:	订单信息	订单信息	客户信息	
总计:	Group By	Group By	Group By	合计
排序:				
显示:	☑	☑	☑	☑
条件:				
或:				

图 15-13　更改汇总方式

订单金额汇总

订单编号	订购日期	姓名	订单金额
D001	2021/3/5	周屿	9
D002	2021/3/6	郭夷	57
D003	2021/3/3	钟任	100
D004	2021/3/5	钟任	3
D005	2021/3/5	娄佳太	18
D006	2021/3/6	郭夷	60
D007	2021/3/2	郭夷	4
D008	2021/3/3	孟阳舒	29
D009	2021/3/1	孟阳舒	78
D010	2021/3/2	郭夷	18
D011	2021/3/6	郗蕁	36
D012	2021/3/5	钟任	62
D013	2021/3/3	周屿	40
D014	2021/3/6	张亚	41
D015	2021/3/1	郗蕁	92
D016	2021/3/5	钟任	20
D017	2021/3/6	梁聘	49
D018	2021/3/1	郗蕁	49
D019	2021/3/5	刘栩潼	56
D020	2021/3/2	周屿	39

图 15-14　查询运行结果

15.2.2 创建订单明细窗体

下面创建一个窗体，其中显示每个订单的明细信息，包括订单编号、订购日期、订购的商品名称和数量等，操作步骤如下：

（1）在功能区的"创建"选项卡中单击"查询设计"按钮，打开查询设计器。

（2）打开"显示表"对话框，选择所有的表，然后单击"添加"按钮和"关闭"按钮。

（3）在查询设计网格中进行以下设置，如图 15-15 所示。

- 在第 1 列添加"订单编号"字段，该字段来自于"订单信息"表。
- 在第 2 列添加"订购日期"字段，该字段来自于"订单信息"表。
- 在第 3 列添加"名称"字段，该字段来自于"商品信息"表。
- 在第 4 列添加"订购数量"字段，该字段来自于"订单明细"表。

（4）以"订单明细数据"为名称保存该查询。在导航窗格中选择该查询，然后在功能区的"创建"选项卡中单击"窗体"按钮，如图 15-16 所示，将基于该查询创建一个窗体，其中显示每个订单的明细数据，如图 15-17 所示。

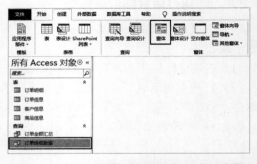

图 15-15　设计查询

图 15-16　基于"订单明细数据"查询创建窗体

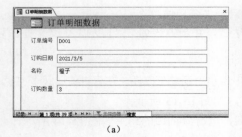

（a）

（b）

图 15-17　在窗体中显示每个订单的明细数据

15.2.3 创建商品销量汇总报表

下面创建一个商品销量汇总报表，其中显示每个品类下的各种商品的销量，在每个品类下对商品按照销量降序排列。其操作步骤如下：

（1）在功能区的"创建"选项卡中单击"空报表"按钮，在布局视图中创建一个空白报表。

（2）打开"字段列表"窗格，将以下 3 个字段拖动到报表中，并从左到右依次排列，如图 15-18 所示。

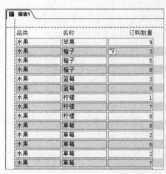

图 15-18　在报表中添加字段

- "商品信息"表中的"品类"字段。
- "商品信息"表中的"名称"字段。
- "订单明细"表中的"订购数量"字段。

（3）在功能区的"报表布局工具 | 设计"选项卡中单击"分组和排序"按钮，打开"分组、排序和汇总"窗格，然后单击"添加组"按钮，如图 15-19 所示。

（4）在显示的字段列表中选择"品类"，将其设置为分组依据的字段，如图 15-20 所示。

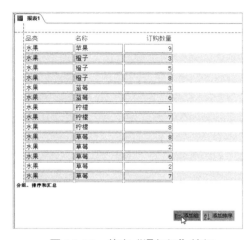

图 15-19　单击"添加组"按钮

图 15-20　选择作为分组依据的字段

（5）设置好后再次单击"添加组"按钮，如图 15-21 所示。

（6）在打开的字段列表中选择"名称"，将其作为下一级分组依据的字段，如图 15-22 所示。

图 15-21　第二次单击"添加组"按钮

图 15-22　选择作为分组依据的字段

（7）单击"更多"按钮，在汇总下拉列表中将"汇总方式"设置为"订购数量"，将"类型"设置为"合计"，并选中"在组页脚中显示小计"复选框，如图 15-23 所示。

图 15-23　设置汇总方式

（8）在当前设置的分组下单击"添加排序"按钮，在打开的下拉列表中选择"订购数量"，然后将排序方式设置为"降序",如图 15-24 所示。

(9)为报表添加名为"商品销量汇总"的标题,设置适当的字体格式,然后删除所有控件的边框线,完成后的报表如图 15-25 所示。

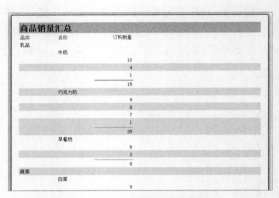

图 15-24 设置排序字段和方式   图 15-25 完成后的报表